「食」の図書館

ビールの歴史

BEER: A GLOBAL HISTORY

GAVIN D. SMITH
ギャビン・D・スミス【著】
大間知 知子【訳】

原書房

目次

［……］は翻訳者による注記である。

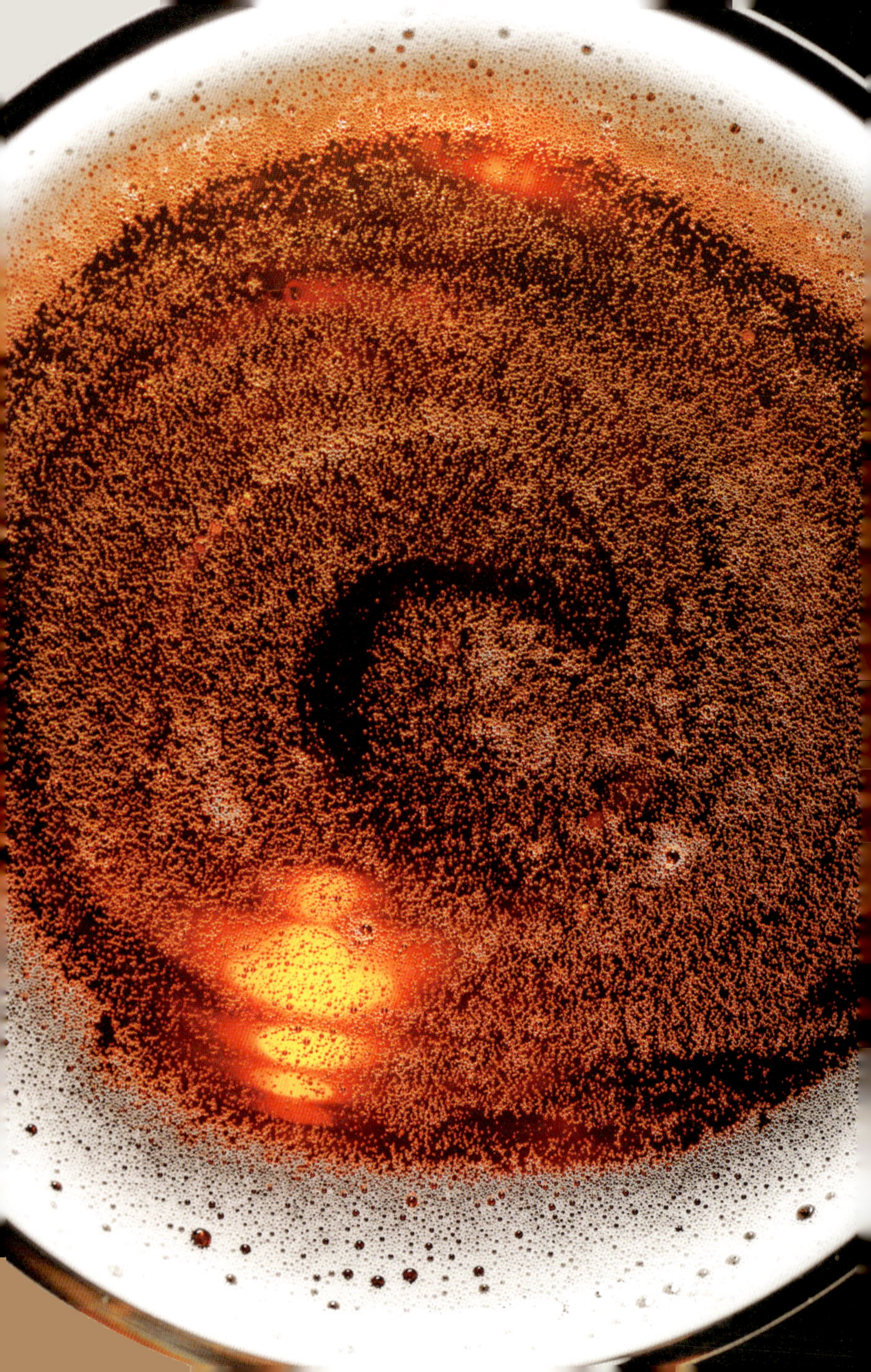

序章◉愛されてきた理由

ビールがあれば喉の渇きにも価値が生まれる。
――ドイツのことわざ

ビールほど、世界中で愛好されている酒はない。その歴史はおそらく紀元前1万年までさかのぼり、ほとんどすべての国になんらかのビール造りの伝統がある。ほかの酒は気候と地理的な要因によって広がりや影響力が限られてきた。たとえば、ブドウが栽培できない土地ではワインは造れないが、ビールは世界中で造られ、その主な原料はなんらかの形で、ほぼいたるところで手に入れられる。

ビールが長い間愛好され続けてきた理由はいくつもある。第一に、すでに述べたようにビールはどこででも造ることができた。第二に、ビールは比較的手頃な値段で、庶民の飲みものにふさわしかった。第三に、清潔な飲み水を手に入れるのが難しかった時代は、汚れた水からコレラや腸チフスなどの伝染病がうつる危険性が高かったが、ビールはその心配がない非常に貴重な飲みものだった。現代の感覚では信じられないかもしれないが、1687年から1860年まで、ロンドンの聖バーソロミュー病院では病院の醸造所で造ったビールを患者ひとりに1日3パイント［1パイントは0・57リットル］配っていた。

また、ビールにはとても滋養があり、「液体のパン」と呼ばれるのにふさわしい飲みものだ。しかしなによりも魅力的なのは、おそらくビールのもたらす陶酔感だろう。節度を守って飲めば、ビールはくつろぎと至福のひとときを与えてくれる。

そして世界的な規模で見れば、ビールの消費量は驚異的な数字に達している。キリン食生活文化研究所が2011年に発表したレポートによれば、2010年の世界のビール消費量は1億8269万キロリットルで、633ミリリットル入りの大瓶2886億本に相当する。2009年と比較すると2・4パーセント、すなわち433万キロリットル（大瓶換算で68億4000万本）増加しており、25年連続の増加となった。

本書で見るとおり、世界中で飲まれているビールの性質は数世紀の間に大きく変わり、製造方法や飲み方、そして飲む機会も様変わりしている。本書では世界各国のビールの歴史をたどり、ビールの生産量や消費量が特に多い国々を紹介するとともに、ビールをとりまく文化や、さまざまな料理に合わせて飲まれるビールの奥行きの深さについて掘り下げてみたい。ビールに関する文学や、ビールの歴史がもっとわかる場所、ビールを愛する同好の士との出会いの場を紹介するのはもちろん、世界的に有名ないくつかのブランドの歴史にも焦点を当てている。

紀元前1万年頃に誕生したビールは、21世紀の現代まで長い旅路をたどってきた。しかしその長い歴史の中で、今日ほどビールに多様性や熱心な取り組み、そして情熱がはぐくまれた時代はおそらくなかっただろう。ビール愛好家は、将来をさらに楽しみにしてよさそうだ。さあ、お気に入りのスタイル、お気に入りのブランドのビールを味わいながら、ビールの歴史を探究してみよう。

第1章◉ビールの起源

ビールを発明した人は賢人である。
——プラトン

古くからある技術の多くがそうであるように、ビール造りの起源は長い歴史のかなたで霧に包まれている。初めてビールを造ったのは現代のトルコ、イラク、イランにまたがるクルディスタンと呼ばれる地域に暮らす新石器時代の人々であるという説は、かなり信憑性が高い。

彼らは紀元前1万年頃にはすでに耕作を始め、大麦が麦芽になる工程を偶然発見し、ビールを造る技術を発達させたと考えられている。おそらく、水につかって発芽した穀物を保存するために乾燥させると、穀物のデンプンを醗酵可能な糖に変えるのに不可欠な酵素ができるのに気づいたのだろう（これほど大昔の出来事を語ろうとすれば、「たぶん」とか「おそらく」といったただし書きが頻繁に登場するのは避けられない）。

ビール醸造やその他の酒造りの技術は、アジアやアフリカ、南北アメリカ大陸の各地で、その土地で耕作できるあらゆる穀物や果物を使ってそれぞれ独自に発達したのだろうと考えられている。主としてビール造りに用いられる穀物を栽培するために、人々が移動型の生活様式を放棄したと主張する人類学的な見解がある。陶酔を誘うアルコールの力にはじめて人類が出会ったら……たしかにその可能性は十分考えられる！

◉メソポタミアのビール造り

狩猟採集生活を送っていた遊牧民の中で、最初に定住して穀物を栽培したのはシュメール人だったと考えられている。シュメール人はティグリス川とユーフラテス川に囲まれた現在のイランとイラクにあたる土地（南部メソポタミア）で生活していた。車輪と文字を発明し、中東で最初の非常に重要な文明を生みだしたと見なされている。実際、彼らは５０００年以上も前の粘土板に古代から伝わる「ニンカシに捧げる賛歌」に歌われた数種類のビールとその造り方を記録している。

ニンカシという名前は「口を満たす女主人」という意味で、豊穣、収穫、性愛、戦闘を司る女神であると同時に、ビール造りの女神でもある。ニンカシの９人の子どもにはそれぞれ酔っぱらいのふるまいにちなんだ名前がつけられ、「ブローラー（乱痴気騒ぎ）」や「ボースター（ほら吹き）」という名の息子がいる。

「ニンカシに捧げる賛歌」は紀元前18世紀から伝わり、２編の飲酒詩で構成されている。ひとつ

キビで造ったビールを飲むウガンダのアフリカ人の版画。1900年頃。

の詩はビール造りの方法をくわしく描き、もうひとつは酔う喜びを与えた女神を讃えている。この粘土板は考古学者がシュメール人の都市ウルで発見した。この文書によれば、シュメール人は栽培した穀物からバッピア（bappir）と呼ばれる2度焼きしたパンを作り、それを水に浸して自然な醱酵をうながし、できあがったものを濾す前にナツメヤシや蜂蜜で風味づけした。

飲酒はシュメール人にとって共同体としての行為であり、ビールの壺を囲んで座り、アシでできたストローを壺に差し込んで飲んだ。裕福なシュメール人は身分の象徴として、黄金で装飾されたアシのストローを持参したと言われている。

紀元前2000年頃にバビロニア人がシュメール人を征服すると、もっぱら家庭内の仕事だったビール造りは、市民と軍人の喉の渇きをいやすための、より組織的な事業となった。「ニンカシに捧げる賛歌」のほかにも、ウルでは紀元前２０００年から紀元前５３９年までの間に建てられた大規模な公共の醸造所の存在を示す考古学的な証拠が見つかっている。バビロニア人にとってビール造りは非常に重要だったので、質の悪いビールを造った者は溺死の刑を受ける場合もあった。

バビロニアのハンムラビ王はビール醸造に関する規則の整備とビールの分類に力を尽くした。「ハンムラビ法典」として知られる法律には、20種類のビールが特定されている。そのうち8種類は大麦のみを原料とするビールで、残りの12種類はその他の穀物をさまざまに組み合わせたものを原料にしていた。バビロニアのビールの中ではスペルト麦を原料にしたビールがもっとも高く評価されていたが、ハンムラビ法典には小麦ビール、赤いビール、黒いビールなどの記述も見られる。また、販売前に熟成させたビールはエジプトで特に珍重され、盛んに輸出された。

◉エジプトのビール造り

エジプト人自身も醸造家として名高く、少なくとも紀元前３０００年頃からハーブやショウガ、サフラン、ジュニパー［ヒノキ科のネズの実で、甘くピリッとした風味がある］を風味づけに使ったヘケト（heget）と呼ばれる強いビールを造っていたことが知られている。バビロニア人やシュメー

ビール造りをする人々の像（古代エジプト）。左側のふたりは実際のビール造りの作業をしているが、右側の人々は器にビールを入れるために待っているように見える。

ル人の先例が示すように、エジプト人にとってもビールはただ喉の渇きをいやし、あるいは酩酊するための飲みものというより、はるかに重要な役割を担っていた。

エジプト医学ではビールの持つ作用が重視され、死者がいよいよ死後の世界に旅立つときは、神々への捧げものとして墓に収められた。『死者の書』には祭壇にヘケトを供えるという記述が見られ、エジプトの主神オシリスは豊穣、死と復活を司ると同時に、醸造に従事する者の守護者とみなされているが、いくつもの文明や大陸で醸造は主として女の仕事であり、それは少なくとも中世の終わりまで変わらなかった。

紀元前430年にギリシャの歴史家ヘロドトスはエジプトを訪れ、「エジプトではブドウが育たないので、エジプト人は大麦から造ったワインを飲む」と書いている。その後、エジプトは紀元前31年にローマの支配下に入るが、ギリシャ人と同様にローマ人も穀物よりブドウを好み、ビールの魅力を本当には理解しなかった。ローマの歴史家タキトゥスは紀元1世紀に、ゲルマニア人とガリア人はたいていビールを好むと述べている。一方ローマの文筆家で哲学者の大プリニウスは、著書『博物誌』(西暦77年頃)の中で、あたかも興味深い標本を顕微鏡で観察するかのように、醸造の現象について記録している。

西方の諸国民は穀物を水にひたしてつくる彼ら独特の酒類をもっている。ガリアやヒスパニアの諸属州にはそれをつくる多くの方法があり、原理は同一だがいろいろな名で呼ばれている。〔『博物誌』中野定雄・中野里美・中野美代訳 有山閣 1992年〕

◉ヨーロッパのビール造りは修道院から

生まれた国にブドウがあったという理由でローマ人はワイン愛好家になり、ブドウが育たないためにビール造りはヨーロッパに広まった。ブドウ栽培に適さない寒冷な気候の国々では、たいてい大麦や小麦がよく育った。北部では、バイキング文化の中でビールがきわめて重視され、略奪目的の航海中も「酔いにまかせて」勇気を奮い起こすために、細長いバイキング船の船上でビール造りが行なわれた。

バイキングの戦士は殺した敵の頭蓋骨を杯にしてビールを飲んだ。スカンジナビア語の乾杯の音頭が「スコール！」なのは、頭蓋骨を意味するscoleに由来している。北欧神話によれば、ヴァルハラ［主神オーディンの宮殿］の大広間は陽気な酒場のような場所で、殺された戦士の魂が集まって、ヘイズルーンと呼ばれるヤギの乳房からたえまなくほとばしるビールで宴会を開いているとされている。

ヨーロッパでは、大規模な醸造は修道院を中心に始まった。オーストリア生まれの聖職者で醸造家の守護聖人であるメッツの聖アルノーは、612年にフランス北東部のメッツの司教に就任した。アルノーは不潔な水と伝染病の関係に気づき、水ではなくビールを飲むように説教の中で繰り返し説いた。

アルノーは司教を引退してロレーヌ地方のルミルモン近郊に隠棲し、640年に亡くなるが、その翌年メッツ市民の希望で遺体をメッツに埋葬するため運んでいるとき、ある事件が起きた。遺体に付き添う人々が道中のシャンピニュで一休みしようとしたが、地元の居酒屋にはビールが残り1杯しかなく、皆で分け合って飲むしかなかった。ところが、ひとつしかないジョッキのビールはいくら飲んでも尽きることがなかったという。この奇跡によってアルノーは聖人としてあがめられるようになった。聖アルノーは「ビールは人の汗と神の愛から生まれた」と述べたとも伝えられている。

一方、スイス北東部のザンクト・ガレン修道院の修道士が建設した醸造施設は、一般にヨーロッパ初の商業規模の醸造所とみなされている。829年に描かれた現存する設計図と、この修道院のビール醸造に関する11世紀の記録から、およそ40もの建物からなるザンクト・ガレン修道院には3つのビール醸造所があり、きわめて統制のとれた、洗練されたビール造りが行なわれていたことがうかがえる。

ひとつの醸造所では大麦を原料に、しばしば小麦も混ぜて celia という名の強いビールが造られ、修道院長や高位の聖職者、そして賓客だけに提供された。修道士や訪問中の巡礼が飲むのは、第二の醸造所でエンバクを原料に造られ、しばしばハーブで風味づけされた cervisa というビール。修道院で働く平信徒や物乞いは、第三の醸造所で造られる「薄い」弱いビールで我慢しなければならなかった。

ビールを造るには煮沸した水を使うので、病原菌に汚染されている可能性の高い水やミルクよりも安全な飲みものができた。修道士や平信徒、訪問者はみな、現代の私たちがお茶やコーヒーを飲むように、3種類のビールを1日の間に定期的に飲んでいた。現存する記録によれば、100人を超える修道士、200人以上の農奴、修道院付属学校の数百人の学生が穀物の栽培とビール醸造に駆り出された。実際の醸造は銅製の醸造釜を直火にかけてから、煮沸した麦汁を冷却槽に入れ、さらに木製の醱酵用桶に移すという工程をたどった。

当時、醱酵は生物学的な観点で理解されていたわけではなく、酵母の働きは一般には奇跡とみなされていた。ホップの持つすぐれた殺菌作用も発見されていたが、それもまた奇跡のひとつだと思われていた。現代のビール愛好家は「ホップの効いた」ビールの風味を称賛するが、中世ではホップの苦みをただまずいだけだと考える人が多かった。

ホップは9世紀にバイエルンで栽培されていたことが知られており、736年にはすでにドイツのハラータウ地方の修道院にホップ園が作られていたという記録がある。10世紀のボヘミア公ヴァーツラフ1世はホップを非常に重視し、ホップの挿し穂を外国に売ったことが発覚すれば死刑になった。

1150年にライン川近くのルペルツベルクにベネディクト会系女子修道院を創立して修道院長となったヒルデガルト・フォン・ビンゲンは、著書『聖ヒルデガルトの医学と自然学』［村井宏次・聖ヒルデガルト研究会訳 ビイング・ネット・プレス 2002年］の中で、ホップは「エールに入れると腐敗を抑制し、エールを長く保存できる」と述べている。

ビールの防腐剤としてホップが普及するまでは、さまざまな薬草を組み合わせたグルートと呼ばれるものが同様の目的で使われ、ビールの風味づけにも役立っていた。グルートはさまざまな原料から作られたが、もっともよく用いられたのはノコギリソウとヤマモモだったようだ。紳士階級《ジエントリ》と同様に、カトリック教会はしばしばグルートの販売を独占し、グルートに課税していたので、聖職者階級は既得の財政的利益を守るために、ホップが広まるのを防ごうとした。しかし全能の神と権力の力をもってしても、ホップの普及を止めることはできなかった。

ホップに加えて、修道院の醸造所はもうひとつ重要な技術革新を行なった。ホップの添加と同様

ベルギーの都市シメイに建つスクールモン修道院。1973年の切手。

に、その製法は現代まで受け継がれている。気温の高い夏のビール造りは昔から難問だった。醗酵を抑制するのが難しく、細菌が混入してビールを腐らせる危険があった。バイエルンの修道士は、涼しい地下室でビールを長期間保存することでこの問題を解決した。こうすると酵母は樽の底に沈み、酵母が液の表面に浮いている場合に比べて醗酵がゆっくりと抑制された状態で進む。「下面醗酵」と呼ばれるこの工程によって、ビールは以前よりもはるかに長く保存できるようになった。この工程が「ラガーリング」と呼ばれるのは、ドイツ語で「貯蔵」という意味の「ラーゲルン lagern」に由来する。基本的にすべてのビールは「エール」と「ラガー」に分けられるが、現代では「エール」という言葉はしばしば「ビール」と同じ意味で使われている。

修道院醸造所は、実際のビール造りの工程にこうした実用的で多大な影響を与えたばかりでなく、現代のビール界にも欠かせない存在だ。ベルギーの都市シメイやウェストマレのトラピスト会修道院のように、今もビール造りを続けている修道院醸造所はいくつもある。現在では商業的醸造会社に「外注」されているが、人気ブランドのレフのビールは13世紀にベルギーのディナン近郊のレフ修道院が生産を始めたものである。

第2章◉ビール産業の誕生

◉エールワイフ――ビール造りは女性の仕事

修道院はビール醸造の中心として非常に重要な役割を果たしたが、一方では世俗の専門家によるビール造りがヨーロッパに広まり、14世紀半ばにはドイツのハンブルクが世界のビール醸造をリードしていた。しかし破壊的な戦争が続いたせいで、商業規模のビール生産が昔の繁栄を取り戻すには18世紀まで待たなければならなかった。その頃には、ドイツで現在も効力をもっている１５１６年公布の「純粋令 Reinheitsgebot」が広範囲で施行されていた。この法令によって、ビールは水と大麦とホップのみで造らなければならないと定められた。

イギリスでは、１４４５年に長期的な同業組合を制度化する初めての定款がヘンリー６世によって醸造家に与えられ、15世紀半ばにビール醸造が組織的な世俗の産業として成立した。年代記作者のジョン・ストウ（1525〜1605年）は、1414年に「ダンステーブルに住むウィリアム・ムーレという裕福な醸造家で麦芽製造者でもある人物は、金で飾りたてた馬を2頭所有していた」と記録しており、この時期にエール生産でかなりの利益が得られたことを示している。

家庭的規模のビール醸造は多くの国で引き続き行なわれ、イギリスではしばしば「エールワイフ」と呼ばれる女性がビール造りを担っていた。あまり体力を必要としないビール造りは女性にうってつけの仕事で、ひとつの工程から次の工程まではかなり間をあける必要があるため、家事ともうまく両立できた。さらに、鍋や樽といった基本的な醸造用具はすでに家庭にあるものばかりだった。

家庭で造るビールが評判になった醸造家は、やがて生計を立てる手段として醸造を始め、自家製のビールを「パブ」と呼ばれるようになる場所で売ったり、居酒屋に売ったりするようになった。正式には、エールワイフが家庭で消費しきれないエールを売ろうとする場合、常緑低木の枝の束を棒の先につけて家の軒先に飾るという決まりがあり、ビールの味をテストする役人（「コナー」と呼ばれるビール検査員）はその棒を目印に自家製ビールの品質検査に訪れた。コナー自身も女性の場合が多かったが、家庭の設備で造られたエールはこの公的規制をかいくぐって売られる場合がほとんどで、ビール販売はたいてい闇取引だった。

ダフィット・テニールス（子）「ビールを飲んでいる老人」。1640〜60年頃。

◉アメリカの最初のビール

エールワイフがイギリスで商売をしていた頃、大西洋の向こうの未来のアメリカでは1587年にイギリス人冒険家のリチャード・ハクルートによって、植民者による最初のビール造りが試みられたと記録されている。ハクルートは仲間のトーマス・ヘリオットがバージニア産の小麦について語った次のような言葉を引用している。「われわれは故郷にあるのと同じような小麦で麦芽を作り、その麦芽を原料に望みどおりの良質なエールを醸造した」

バージニアでジェームズタウン［北米最初のイギリス領植民地］を建設した植民者は、最初は1606〜7年のアメリカ航海で運んできたビールで苦境をしのぎ、それが尽きると、寄港する水夫が持ってきたビールを手に入れるために工具類を引き換えにしなければならなかった。1609年に、醸造家に植民地への入植を求める広告をバージニアの総督が出すように命じた記録が残っているが、ジェームズタウンで2軒の醸造所が操業しているのが確認できるのは、それから20年後のことだ。

北アメリカへの植民者の中でもっとも有名なのは、ピルグリムファーザーズと呼ばれるイギリスのピューリタン分離派［英国国教会からの分離を目指す人々］で、彼らは1620年にメイフラワー号に乗り、当初予定していたハドソン川河口ではなく、ケープ・コッド湾に面したプリマスに上陸した。指導者のひとりであるウィリアム・ブラッドフォードは、プリマスに上陸した理由を次のように書いている。「もはやこれ以上探索や考慮に費やす時間は残されていなかった。すでに12月20日だが、食糧は底をつき、とりわけビールがもうなかったからだ」

一方、オランダ人のエイドリアン・ブロックとヘンドリック・クリスチャンセンは、新世界初として知られる商業的醸造所を1612年に開業した。当時ニューアムステルダムと呼ばれていたその場所は、現在のニューヨーク市マンハッタン地区だ。ブロックとクリスチャンセンは醸造業の経営のため、専門の醸造技術者を求める広告をロンドンの新聞に出した。17世紀の間にビール醸造は広まり、1685年頃にはフィラデルフィアで初となる醸造所が開かれた。

しかしアメリカの田舎では、多数の家族が穀物からウイスキーを造るのと同じように、農作業の重要な一環として自家製ビールを造っていた。さらに、旅回りの「ブルーマスター」と呼ばれる醸造士が馬や荷車に小型の醸造設備を積んで地方を巡回し、農場から農場へと移動して穀物農家のために醸造を引き受けた。

歴史的に見ると、ビール醸造の大半は地域ごとに行なわれていた。道路の状態が悪く、輸送に馬しか利用できない時代には、ビールの入った重くかさばる樽を醸造所から遠い町まで運ぶのは難しかったからだ。河川が交通手段として利用される場合もあり、相当な数の醸造所が川沿いに建てられた。

醸造工程の最後にできる製品の輸送が難しいのに対し、基本的な原料となる穀物は比較的軽く、ある場所から別の場所へ簡単に移動できたので、国全体に醸造が広まるよりも麦芽製造業が全国で

伝統的な醸造設備

発達するほうが早かった。大麦の麦芽化はデンプンを醱酵可能な糖に「分解」するために必要な作業であり、その工程が生み出す付加価値は商売人を引きつけるのに十分だった。

◉産業革命とビール

大規模で広範囲な醸造が行なわれるようになるのは、18世に産業革命が始まり、人口密集地域が急速に発達して都市化が進んでからだ。増加する都市生活者にビールを供給すると同時に、運河網の整備によって、以前よりもずっと遠くまでビールを運搬することが可能になった。その後の一世紀で世界中の国々で運河はほぼ鉄道に取って代わられ、ビール樽を遠く離れた場所まで輸送するのがさらに容易になった。

蒸気機関の発明がなければ鉄道輸送の発達はあ

りえなかった。そしてジェームズ・ワットが1774年に蒸気機関の特許を取ったあと、18世紀終わりの数十年間で醸造業者はすでにこの動力を利用していた。ワットが特許を得たわずか3年後には、ロンドン近郊のストラトフォード・ル・ボウのクック商会が醸造家として初めて蒸気機関を導入した。1784年にはサミュエル・ホイットブレッドが、1740年代終わりに建設したロンドンのチスウェル街の醸造所で、麦芽を粉砕し、麦汁を汲みだすために蒸気機関を設置している。ホイットブレッドの事業は大規模なもので、1758年にはなんと6万5000バレル［1バレルのビールはイギリスでは約164リットル］ものポーター［18世紀に大流行したビール］を生産している。しかし18世紀半ばになると、ほんの数十年前は想像もできなかったほど大量のビールを生産する能力を備えた醸造所が数多く誕生しており、ホイットブレッドもそのひとつにすぎなかった。

ホイットブレッドはロンドン最大の醸造所だったが、スタッフォードシャー州の都市バートン・アポン・トレントでは1777年にウィリアム・バスによって大規模な醸造所が設立され、アイルランドでは1759年にアーサー・ギネスがダブリンのセント・ジェームス・ゲート醸造所を創業した。これらの醸造家はこの時代に特有の熱心さで革新的技術を取り入れ、液体比重計や温度計を利用するのはもちろん、マッシング［麦芽を温水と混ぜ合わせてデンプンを糖化する工程］などの作業を合理化する機器を導入し、労力をかなり軽減した。

氷で冷やしたビール樽を貨車で輸送する。1850〜1900年。

ロンドンのチスウェル街に建つホイットブレッド醸造所の中庭。1791年頃。

◉ポーターとペール・エール――労働者のビール

ロンドンではポーターが一世を風靡していた。このビールがポーターと呼ばれるのは、市場の荷役運搬人（ポーター）に特に好まれていたからだ。ポーターは茶色の麦芽を原料に、ホップをたっぷり加えて造られた。ポーターを生産する醸造所は大貯蔵槽を設置して、このビールを数か月間熟成させた。こうした設備投資はかなりの金額に上ったので、ポーターの生産はロンドンの豊かな醸造家に限られ、バークレー、トルーマン、ホイットブレッドなどの大企業がロンドンのポーター市場を独占した。一説によれば、ポーターは１７２０年代にロンドンのショアディッチ区でベル醸造所を営んでいたラルフ・ハーウッドが「考案」したもので、ホップが強く効いたマイルドなビールを熟成させて、アルコール度数を高めたビールだった。

比較的新しいビールと長期間貯蔵したビールを販売前に混ぜ合わせると、小売店に卸したあとの保存性がよく、しかも大量生産のおかげで値段が安くできたから、ポーターはロンドンの労働者階級にとって手頃なビールになった。１７４８年にロンドンの醸造所は91万５０００バレルのポーターを生産し、そのうち実に38万３０００バレルがロンドンの十数社の大手醸造会社による製品だった。

ポーターの大流行は19世紀初期にペール・エールが人気を得てようやく衰えた。ペール・エールは、琥珀色や褐色ではなく色の淡い麦芽を原料にして造られる。製麦技術、特に麦芽を間接的に焙《ばい》燥《そう》［水につけて発芽させた麦芽を温風で乾燥させる作業］する技術が改良され、醸造家が色の淡いビールを安定して造れるようになる少なくとも1世紀前からペール・エールは存在していた。

イースト・ロンドンで醸造所を経営していたジョージ・ホジソンはペール・エールを広めた初期の人物だ。このビールは色が薄く、ホップが強く効いた炭酸ガスの多いビールだった。イギリス本国ではペール・エールは急成長する中流階級を中心に人気が高まり——気温の高い大英帝国の領土で飲むには理想的だったので——盛んに輸出されるようになった。ホジソンは１７９０年からインドにペール・エールを出荷するようになり、インディア・ペール・エールあるいはＩＰＡという呼び名がたちまち広まった。

ＩＰＡ生産の中心はしだいにイギリスのミッドランズ地方の歴史あるビール醸造の街バートン・アポン・トレントに移っていく。そこではサミュエル・オールソップが１８２２年からインディア・ペール・エールを造りはじめ、ウィリアム・バスなど、バートンのその他の醸造家もまもなくこの流行に加わった。

バートンの水は硬度が高いことで知られ、ペール・エールの生産には理想的だが、この街のビール醸造の歴史は西暦１０００年頃にさかのぼり、ヨーロッパ諸国の多くがそうであるように、初期の組織的なビール醸造を担っていた修道院醸造所から始まっている。

小規模な醸造所から出発したバス社はイギリス最大の醸造会社のひとつに成長し、バスはもっともよく売れるブランドとなった。１８８０年代にバス社はバートンに2軒の新しい醸造所を建設した。年間生産量は１００万バレルに迫り、３か所のバス醸造所で合計２５００人を雇用していた。バス社のビールのラベルに描かれた「レッド・トライアングル」は、１８７５年に制定されたイギリス商標登録法のもとで初めて登録された商標第1号だ。

◉ラガー・ビール誕生

この時代にはさまざまな技術革新によって醸造家が生産規模を拡大し、効率化を進めることが可能になった。もっとも目覚ましい進歩のひとつは鉄の普及だ。鉄は樽や道具の材料として木材よりもはるかに耐久性があり、他の金属よりも頑丈だった。鉄の普及は溶鉱炉技術の発達によるものだ（もっとも、溶鉱炉は中国ではおよそ紀元前5世紀からすでに存在していた）。

また、コンクリートの生産技術も向上した。製鉄と同様に、コンクリートも実際には古代に起源があり、古代ローマでは水道や橋、そしてローマのパンテオンのドーム型の屋根さえもコンクリートを使って建設されたのだが、コンクリートがふたたび建築に広く利用されるようになるのは19世紀になってからで、醸造業界はこの素材を積極的に取り入れた。

一方、ヨーロッパ大陸では大規模なラガー醸造が発展し、ミュンヘンのシュパーテン醸造所やウィーンの醸造家ドレハーが経営する醸造所は、１８４１年から明るい琥珀色のビールを提供した。また、１８４３年にはヨーゼフ・グロルがボヘミアのプルゼニ（ピルゼンとも呼ばれる）を拠点に、最初のピルスナーである黄金色のラガー・ビールを生産した。１８７３年にシュパーテン醸造所のカール・フォン・リンデは、大きな氷の塊を製造するための、エーテルを冷媒とする冷凍機を発明した。この技術はおよそ20年前に冷凍装置を開発するためにオーストラリアで考案された先端技術に続くもので、ラガー醸造の継続的な発展の立役者となった。

フォン・リンデがビール醸造のための冷凍技術の開発にいそしんでいる頃、フランス人のルイ・パスツールは醱酵の仕組みを解明する革新的な研究に取り組み、ビールを腐敗させて「賞味期間《シェルフライフ》」を縮める微生物の繁殖を防止するために、ビールの熱処理――「低温殺菌法《パスチャライゼーション》」――が有効な理由を明らかにした。パスツールの発見は１８７６年に『ビールに関する研究 *Etudes sur la bière*』として出版されている。

まもなくピルスナー・タイプのビールは世界のビール市場を席巻し、複数の大陸で生産されるようになった。特にアメリカは熱狂的なラガー生産国だ。そんな中で、イギリスだけが伝統的な「エール」を守り続けた。１８８１年にオーストロ・バヴァリアン・アンド・クリスタル・アイス・カンパニーがノース・ロンドンのトッテナムにイギリス初のラガー専用醸造所を建設したが、イギリス人がエールを愛好する状況は今も大きく変わっていない。

第3章

現代ビール事情

大量生産の時代へ

19世紀終わりの数十年間に、ビール業界では現代まで続く企業の合併と生産規模の拡大という世界的な流れが本格的に始まった。生産の効率化と流通手段の発達によって、少数の大規模醸造会社がさらに大量生産することが可能になり、アメリカでは1873年に過去最高の4131軒の醸造所が操業していたが、その数は1910年には1500軒まで落ち込んだ。それでも1910年に出荷されたビールの量は1873年を上回っている。

買収や合併について見てみると、ミルウォーキーでは1889年にフランツ・フォーク・ブルーイング・カンパニーとユング・アンド・ボルヒェルトが合併し、フォーク・ユング&ボルヒェルト・ブルーイング・カンパニーを創設した。続いて4年後に、この会社はパブスト・ブルーイン

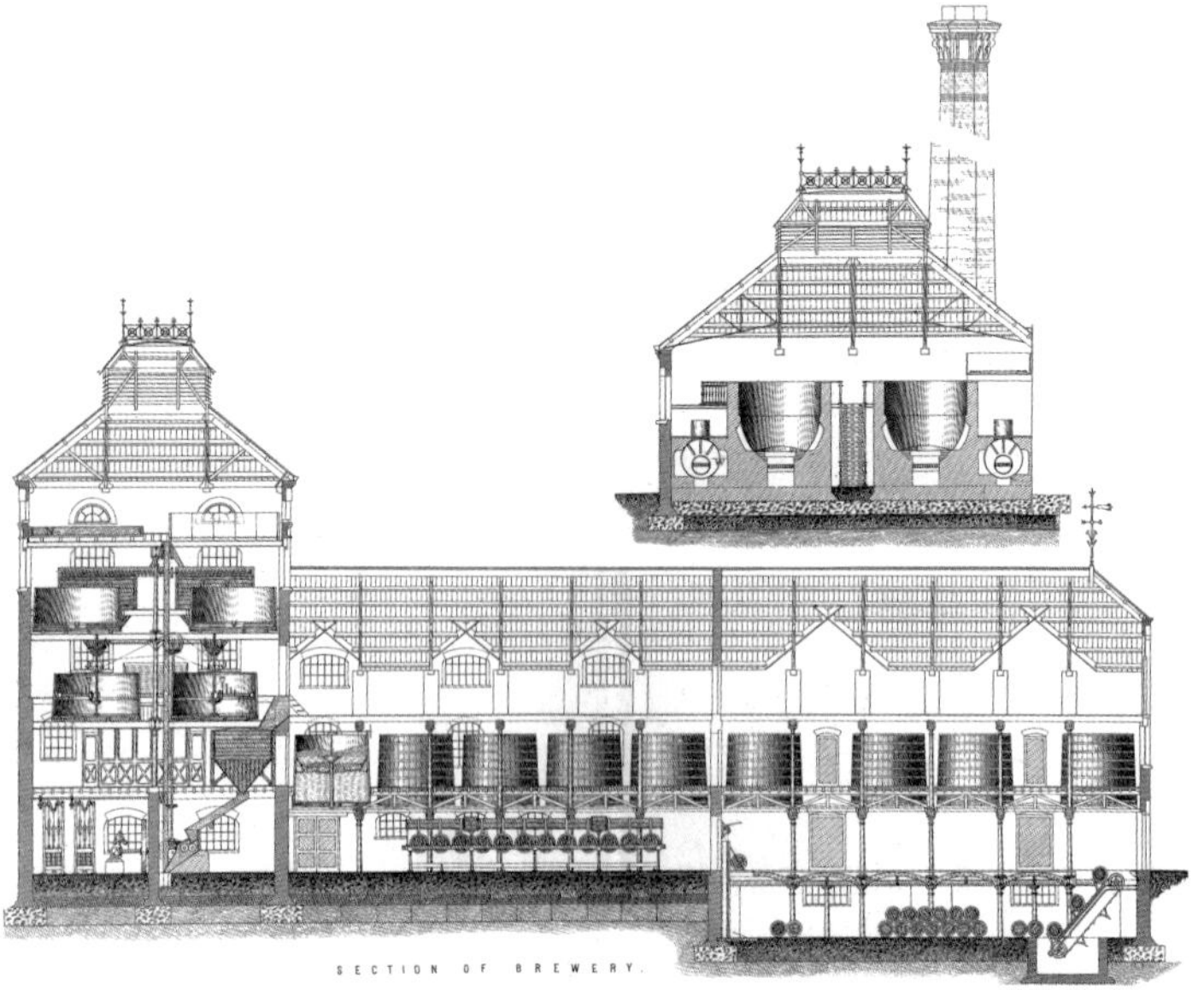

19世紀終わりの商業的醸造所の設計図面

グ・カンパニーに買収された。

　また、同じ１８８９年にミズーリ州セントルイスの18軒もの醸造所が合併してセントルイス・ブルーイング・アソシエーションとなり、その1年後には6つの独立した醸造所によってニューオーリンズ・ブルーイング・カンパニーが設立された。１９０１年にはボルチモアの16の醸造所が集まって、ゴットリーブ・バウアンシュミット・シュトラウス・ブルーイング・カンパニーを設立した。

　アメリカの禁酒法は１９２０年に制定され、１９３３年に廃止されたと一般に考えられているが、アルコール飲料に対する反対運動は、実際にはほとんどその1世紀前の１８２６年に、ボストンで全米禁酒促進協会が結成されたときから始まっていた。1846年にはメイン州で禁酒法が制定され、続く10年間にいくつかの州が追随した。そして1920年1月にヴォルステッド法によって連邦禁酒法がアメリカ全州に効力を持つようになるのだが、禁酒運動はそれよりずっと前からアメリカの醸造家に深刻な懸念を与えていた。

19世紀後半の日本では、最初はアメリカのビールがよく売れていたが、やがてイギリスやドイツのビールに人気を奪われた。当時の日本のビール醸造会社の大半は、はじめは外国資本に所有されていた。純粋な国産ビール産業はようやく19世紀最後の30年間に発達し、この時期に日本の3大ビール醸造会社がすべて創設された。

1876年に、日本人が所有する初の醸造会社として開拓使麦酒醸造所が札幌で製造を開始し、1886年にサッポロビール株式会社と名称を変更した。3年後の1889年に大阪麦酒が誕生し、のちにアサヒビールと社名を変えた。一方、倒産した横浜の「スプリング・バレー・ブルワリー」［1869年にドイツ系アメリカ人によって建設された醸造所］は1885年に「ジャパン・ブルワリー」によって再開され、麒麟ビールの販売を始めた。

イギリスではビールの需要に終わりはないように見え、1900年には年間およそ4000万バレルが醸造されていたが、禁酒運動にも支持が集まりつつあった。ビール消費量の増加に反して、アメリカと同様にイギリスでも、ホイットブレッド社のような国内有数の大企業が規模の小さな競争相手を自分の帝国に吸収しはじめ、醸造所の数は何年間も減少傾向が続いた。

1914年に第1次世界大戦が始まるまでの数年間は不況が続き、醸造会社の合併や閉鎖はさ

樽にビールを詰める作業。19世紀終わり。

らに増加した。ビールに高い酒税がかけられ、飲酒反対派として知られる大蔵大臣デービッド・ロイド・ジョージの命令でパブの開店時間が戦時体制にあわせて短縮され、事態はますます悪化した。その結果、1900年には6477軒の醸造所が生き残っていたが、1939年に第2次世界大戦が勃発したときは、わずか600軒まで減少していた。

◉瓶ビールと缶ビール

イギリスではパブでビールを飲む習慣が下火になるにつれて、瓶ビールの人気が高まった。また、アメリカでも瓶ビールの需要はイギリス同様に高く、アドルファス・ブッシュは1873年に自分が経営するアンハイザー醸造所で大規模なビールの瓶詰め工程を開始した。ビールを瓶詰めにする方法は18世紀初期に誕生したと考えられているが、瓶ビールが大量に造られ

バドワイザーを乗せたお盆を持つウェイター。19世紀終わり。

るようになったのは実際には１８６０年代で、１８７０年代にコルク栓からねじ式の蓋に代わり、続いて１８９２年に特許が取得された王冠コルクが使われるようになった。１８８０年代に機械化されるまで、瓶詰め作業は手間のかかる重労働だった。

瓶詰めにするために特別に考案された新しいスタイルのビールも誕生した。麦芽にする前の穀物と糖分から造られる「副原料ビール」と呼ばれるこのビールは、麦芽だけで醸造されたビールよりも瓶の中で長期間「澄んだ」状態を保った。

19世紀から20世紀に変わる頃、アメリカでは濾過《ろか》とアーティフィシャル・カーボネーション［人工的にビールに炭酸ガスを注入すること］が標準的に行なわれるようになっていた。一方、瓶詰め後も醱酵が続く状態で瓶詰めする自然熟成は、１９００年代のはじめまで多くの国で一般的に行なわれていた。１９００年にはアメリカで販売されるビールのおよそ20パーセントが瓶詰めになり、その10年後には、ドイツで生産されるビール全体の33パーセントが瓶詰めだったと推定されている。

瓶ではなく缶にビールを詰める試みが最初に行なわれたのは１９２０年代で、アメリカの醸造会社アンハイザー・ブッシュやシュリッツ、パブストが、非常に弱い「ニアビール」［アルコール度数が非常に低いビール］を使って缶ビールを作った。上部の平らな缶に入ったクルーガー・エールとクルーガー・ビールが初めてバージニア州リッチモンドの市場にお目見えしたのは、１９３５年1月だった。缶ビールはたちまち大成功を収め、１９３５年8月にパブスト・ブルーイング・カンパニーは大企業の先陣を切ってこの新技術を取り入れた。

貴重なビール缶のコレクション

イギリスではサウス・ウェールズのヴェリンヴォエル社がまっさきに缶ビールを発売した。その1年前、缶ビールはアメリカで大歓迎されたが、イギリス人のビール愛好家の缶ビールに対する最初の反応は、大西洋の向こうの同志ほど熱狂的ではなかった。とはいえ、ガラスではなく金属の容器に製品を入れて提供しようと考える醸造会社は後を絶たなかった。エディンバラのジョン・ジェフリー社はまもなく缶入りラガーを発売し、ロンドンの醸造会社バークレー・パーキンスとハマートンズ、レディングのシモンズ、エディンバラのマキュアンとグラスゴーのテネンツもこれに続いた。

◉巨大ビール会社の時代

2度の世界大戦と世界の大半を覆った不況のせ

いで、醸造所の買収や合併は停滞した。しかしその後は、1960年代以降にイギリスの醸造業界でかつてないほど急速な合併がたて続けに起こった。ジョシュア・テトレー・アンド・サン社がウォリントンのウォーカー・ケイン社と1960年に合併してテトレー・ウォーカー社となり、この新会社は翌年バートン・アポン・トレントのインドクープ・アンド・オールソップ社とバーミンガムのアンセルス社と合併してアライド・ブルワリーズを形成した。

1970年代末のイギリスの醸造業界は、わずか6社がほぼ全体を牛耳っていた。「ビッグ・シックス」と呼ばれたこの6大企業は、アライド、バス・チャリントン、カレッジ、スコティッシュ・アンド・ニューカッスル、ウォトニー・マン&トルーマン、そしてホイットブレッド。この頃にはイギリス人の伝統的なエールへの忠誠心は新たに生まれたラガーに対する愛着に押され、エールは少数派の地位に追いやられた。1971年に設立された「キャンペーン・フォー・リアルエール」(CAMRA/カムラ)[樽内熟成エールを守るための啓蒙活動を行なう消費者団体]は精力的な活動を展開したが、それでもエールを凋落から救うことはできなかった。

一見情け容赦ない統合、合併、合理化が全世界で進行し、大規模なビール醸造は少数の巨大な醸造所を運営する限られたグローバル企業が一手に握り、醸造所も企業も数は減る一方だった。

たとえばアメリカでは、バドワイザーのメーカーであるアンハイザー・ブッシュ社が2008年にベルギーの大手ビール会社インベブに買収された。現在はアンハイザー・ブッシュ・インベブ(ABインベブ)と社名を変更したこの会社は、世界最大のビール醸造会社だ。

ハイネケンとフレーザー&ニーヴ（シンガポール）の合弁会社、アジア・パシフィック・ブルワリーズが発売するタイガービールの配達車。バンコク（タイ）で撮影。

一方、カナダの大ビールメーカーのモルソン・ブルワリーズは2005年にコロラド州のクアーズ・ブルーイング・カンパニーと合併し、さらにサウス・アフリカン・ブルワリーズ（南アフリカ）が所有するミラー・ブルーイング社と合併、2007年にミラークアーズに社名変更した。

大西洋の反対側でも、ABインベブ社はステラ・アルトワ、ジュピラー、ヒューガルデン、レフ［すべてベルギー・ビール］などのブランドを所有して、イギリスやヨーロッパ大陸のビール市場に強い影響力を有している。

ヨーロッパの有力なビール会社といえば、まずデンマークのカールスバーグがあげられる。また、オランダのハイネケンは170か国でおよそ125軒の醸造所でビールを生産している。

しかし、そうした国際的大企業が生産するビールに魅力と個性が欠けているのに気づいたのはイギリスのＣＡＭＲＡに限らなかった。「クラフト」ビール［手作り感覚の地ビール］を造る小規模な醸造所があちこちに誕生し、パブに併設した醸造所でビールを造って提供する「ブルーパブ」が生まれた。ブルーパブは長い間失われていたお客と醸造家の結びつきを復活させ、１９８０年代以降、特にアメリカでブームになった。

アメリカ初のブルーパブは、１９８２年にスコットランド系カナダ人の醸造家バート・グラントよって開かれた。グラントはワシントン州にヤキマ・ブルーイング・アンド・モルティング・カンパニーを創設し、小規模醸造所と現地販売を呼びものにした。このアイデアはたちまちカリフォルニアとニューヨークに広まった。

ブルーパブだけでなく、小売業者にビールを販売する小規模な専門的醸造家も誕生した。現在アメリカには約１７００軒の醸造所があり、そのうちおよそ１２００軒が「クラフト」ビールの範疇に入れられる。しかし、小さな醸造所の生産規模は現在もそれほど多くはなく、２０１０年のアメリカのビール市場全体のわずか5パーセントにとどまっている。

同じ年、イギリスにはおよそ８００軒の醸造所があったが、イギリスで醸造されたビールの10パイント中8パイントはＡＢインベブ、カールスバーグ、ミラークアーズ、ハイネケンのいずれかが所有する醸造所から出荷された商品だった。しかし、近年ヨーロッパや北アメリカで開業する個人醸造家の数が劇的に増えているのは、自分の好みをはっきりと持つ、味にうるさい少数派のビール愛好家が、ビールに風味と個性、改革と地域性を強く求めているという事実の表れである。こうした人々の存在によって、ビールの世界はますます豊かさを増していっている。

ピエトラはコスタリカの手作りビール。麦芽と栗粉で作られている。

第4章 ◉ 醸造技術

バビロニア人から現代の多国籍醸造会社にいたるまで、ビール造りの基本はほぼ同じだ。大昔の祖先たちは、あることがうまくいくかどうかはわかっていたが、現代の教養ある醸造家は、科学の恩恵によって、それがなぜうまくいくのかも知っている。ビール造りの第1段階は、大麦、小麦、ライ麦、エンバクなどの穀物を麦芽（モルト）にするところから始まる。麦芽作りの工程では、麦を水に浸して発芽しかけたところで水から引き上げ、それ以上の発芽を止めるために焙燥窯か焙煎機に入れて乾燥させる。麦芽を作る過程で、酵素が麦に含まれるデンプンを醱酵可能な糖に変えることによって、醸造の次の段階に進む準備ができる。

焙燥の温度の違いによって、「ペールモルト」から「チョコレートモルト」まで、さまざまな麦芽ができる。そしてこのモルトの違いが、最終的に生み出されるビールの風味や色の違いとなって表れる。醸造家は1種類のビールを造るのに数種類の麦芽を混ぜて使うことが多い。ワイン・メー

大麦はビール醸造にもっともよく使われている。

カーがさまざまなブドウから造られたワインをブレンドするのと同じだ。

●大麦麦芽を仕込む

大麦はビールの原料としてもっともよく用いられる。その最大の理由は、大麦にはデンプンを糖に変える酵素が他の穀物に比べて多く含まれているからだ。そのため、他のどんな穀物を原料にする場合でも、デンプンを効率的に糖に変えるために、大麦麦芽をある程度加えるのが一般的だ。穀物を麦芽にしたら、ビール造りの第2段階ではアルコールを生成するためにデンプンを醱酵可能な糖に変える。まず麦芽を粉砕して挽きわりにし、これを糖化槽《マッシュ・タン》と呼ばれるタンクに入れて温水と混ぜ合わせる。するとおかゆのようにどろどろの「糖化液（マッシュ）」ができる。まぎらわしいのだが、醸造家はこの段階で使われる温水を「リカー」と呼んでいる［リカーには酒という意味もある］。

マッシング［麦芽を混ぜた温水を一定の温度に保って糖化を進める作業］はインフュージョン法かデコクション法のどちらかで行なわれる。インフュージョン法では、糖化液の温水の作用によって麦汁、すなわち糖分を豊かに含んだ甘い液体が作られ、糖化槽の底にある細いスロットを通って濾過される。底にたまった麦芽粕《かす》に温水を散布するスパージングという工程によって、まだ麦芽に残っている糖分を最後まで取りだす。残った固形物はビール粕と呼ばれ、非常に栄養価が高いので、家畜の飼料として販売される。デコクション法はラガーなど下面醱酵ビールの醸造によく用いられる方法で、糖化液の一部を取りだして糖化釜に移し、糖化槽内の液よりはるかに高い温度まで加熱する。この熱した糖化液をふたたび糖化槽に戻すと、糖化槽内の糖化液全体の温度がかなり上昇する。

インフュージョン法がだいたい2時間で終わるのに対し、デコクション法にはその3倍の時間が必要だ。デコクション法では、糖化が終わった糖化液は糖化槽に入れられ、糖化槽では回転する刃によって麦汁が効率的に流れ出す仕組みになっている。デコクション法はインフュージョン法よりも多くの醱酵可能な糖を抽出できるため、糖分の少ない、色の淡いモルトで造るラガーなどの下面醱酵ビールの醸造に適している。

マッシングを経て得られた甘い麦汁は、銅製かステンレス製の煮沸釜に移されて加熱される。現在は釜内部にある蒸気コイルで加熱するのが一般的だが、オイルバーナーによる炎で直接熱を加え

煮沸釜

る方法も一部の醸造所ではまだ使われている。ビール醸造でもっとも重要な工程は、実はこの煮沸釜の中で生じている。ここで麦汁が沸騰するまで加熱され、ビール造りに不可欠な原料のホップが投入される。

◉ホップ――苦みと香りの魔法

ホップには生《なま》か、乾燥させたもの、ペレット状に加工したものがあり、ホップエキスも利用できるが、プロの醸造家はたいていホップエキスには批判的な評価を下している。「煮沸」の初期段階で投入されるホップは、さまざまな度合いの苦みをビールに与えるとともに、麦汁を澄んだ状態にする働きがある。煮沸終了間際に添加される「レイト」ホップには、主としてビールにアロマをもたらす効果がある。

ビールの性質にとってどれほどホップが重要かは、いくら強調しても足りないほどだ。ホップの種類によって、その効果は大きく異なる。1種類のホップだけで造られるビールもあれば、数種類のホップを組み合わせる場合もある。ビールに苦みを与えるのは、ホップの毬花《まりばな》に含まれる主な樹脂のアルファ酸とベータ酸で、アルファ酸は保存剤としても働き、ホップ精油はアロマを与える。

大麦生産者が生産量とアルコール生成量の両方を向上させる工夫を重ねているのと同様に、科学者とホップ生産者はビールのフレーバーに大きく貢献する生産性の高い品種を生み出す努力を数十

ホップ（学名 *Humulus lupulus*）。ビールの風味は主にホップで決まる。

ホップを詰めた袋を荷車に積む。20世紀はじめ。絵葉書。

年間にわたって続けている。その結果、現代の醸造家は世界各地で驚くほど多様なホップが利用できる。たとえばアメリカで盛んに使われるカスケードという品種は、ペール・エールに特徴的な苦みと果実香を与える。ザーツはヨーロッパのピルスナー醸造家に好まれるホップ。ファグルスやゴールディングスのようなクラシックな品種は、伝統的なイギリスのエール造りに欠かせない。

造られるビールの種類に応じて、煮沸は1時間から2時間半続き、煮沸が終了するとホップが添加された麦汁はホップバックと呼ばれる容器で濾され、使用ずみホップが取り除かれる。高温の麦汁はたいてい熱交換機を用いて冷やされる。その後、麦汁は醗酵タンクに移され、酵母が添加されてアルコールの生成が始まる。酵母は麦汁に含まれる糖分を吸収し、アルコール

伝統的な開放式醗酵槽

と炭酸ガスを作る。

◉醗酵と熟成

醗酵には2通りの方法があり、どちらを採用するかで造られるビールに違いが生じる。上面醗酵ビールは、醗酵中に液の表面近くに浮かび上がって、泡の層を作る性質を持つ酵母を使用する。この酵母は比較的高温で活動し、醗酵は通常2日から4日続く。上面醗酵はさまざまな種類のエールや小麦ビール、ポーター、スタウトの醸造に使われる。下面醗酵ビールは低温で働く酵母を使って造る。この酵母は醗酵が終了するとタンクの底に沈む性質があり、下面醗酵で造られたビールは、すっきりした軽いボディ［ビールの味わいのコクや厚みを表現する用語］のラガー・ビールになる。醗酵に要する時間は上面醱酵より長く、通常5日から2週間かかる。

この2種類の醱酵に加えて、3つ目の醸造方法に自然醱酵がある。これは主にベルギーの数少ない醸造家が採用する製造法で、空気中の「野生」酵母を利用して「ランビック」エールやフレミッシュ・エールを造っている。また、最近ではこの製造法に着目するクラフトビール醸造家が増え、自然醱酵ビールに新たな息吹を吹き込んでいる。

醱酵（上面醱酵でも下面醱酵でも）が終わった麦汁は「若ビール」と呼ばれ、熟成タンクに移される。熟成中にビールに溶けこんだ炭酸ガスが、グラスに注いだときにできる「ヘッド」と呼ばれる泡のもとになる。上面醱酵ビールの場合、熟成期間は比較的短いが、下面醱酵ビールでは熟成は最低でも4週間、ときにはもっと長くかかり、氷点に近い温度で貯蔵される。2次醱酵を誘発するために、生きた酵母を加える場合もある。

樽や瓶に詰められる前に、ほとんどの場合ビールは冷やされて濾過される。また、熟成中に「ドライホッピング」をする場合もある。ドライホッピングとは、熟成タンクや、ときには樽にビールを入れてから乾燥ホップを添加することをいい、強いホップのアロマがビールに加わる。ビールを澄み切った状態にするために、魚の浮き袋を原料にした清澄剤が添加される場合もある。

大量生産されて樽や瓶、または缶に詰められたビールは、ほとんどの場合低温殺菌処理されるが、ビールを酢っぱくして、賞味期間を縮める原因となる微生物を殺菌するために行なわれるこの加熱処理が、かえってビールの特徴を損なっているという意見も多い。「樽内熟成」、あるいは「瓶内熟成」の醸造法では濾過は行なわず、容器の中で醱酵が続くように糖分と酵母が添加され、それによってビールに複雑な味わいが生まれる。金属製の「ケグ」と呼ばれる樽の場合、残っている酵母を濾過によって取り除くと、それ以上の醱酵は行なわれなくなる。

醸造にかかわる工程の多くは何世紀も基本的に変わっていないが、使われる装置類は大きく変化した。最新式の設備をそろえたアメリカやドイツの大規模な醸造所に中世の醸造家を連れてきたとしたら、なにをする場所なのかまったくわからないことはないだろうが、数世紀の間にかなりの変化があったのは確かだ。昔の糖化槽は単なる小さな木製の桶で、堅い木材を使った手製の櫂や「マッシュ・フォーク」（糖化液を人の手でかき混ぜるために使用される）とともに用いた。醸造の要となる工程では、鉄鍋や手作りの銅製容器を直接火にかけていたが、火加減が不安定なせいで1回ごとに仕上がりにかなりの差が出た。

現在では、鉄より熱伝導性のいい銅を用い、蒸気加熱を利用する煮沸釜によって、はるかに高い安定性が得られる。また、温度を監視するための温度計、麦汁やビールの濃度を計る液体比重計、冷蔵や低温殺菌の利用など、科学的な原理や技術による恩恵も大きい。微生物学の先駆者ルイ・パスツールの努力によってビールの賞味期間がかなり向上し、デンマークの植物学者エミール・ハンセンは、他の酵母や細菌を混在させずに酵母を培養する方法を開発した。この技術を用いて、コペンハーゲンのカールスバーグ醸造所は1883年に酵母の純粋培養に初めて成功した。

カールスバーグのポスター。1897年。

第5章◉世界のビール大国

ビール醸造は世界のほぼすべての国で行なわれているが、その中でもビール造りが文化的、社会的、商業的にとりわけ大きな役割を占めている国がある。本章では、世界でも有数のビール醸造国を見てみよう。

◉ベルギー――伝統をこよなく愛する

ベルギーが世界最大のビール醸造国のひとつであるのは疑いようがない。とりわけ国内で生産されるビールのスタイルの多様性や、それぞれのスタイルに受け継がれるゆるぎない伝統は他の追随を許さないだろう。ベルギー・ビールの多様さは、それぞれのビールを飲むのにふさわしいとされるグラスの種類の多さに象徴されている。ピルスナーを飲むには、炭酸ガスが逃げにくい背の高い細身のグラスが向いているし、口の広い足つきのグラスは、上面醱酵ビールのアロマとフレーバーを最大限に引き出すのに適している。一方、カットグラスは白ビールの濁りとさわやかさを際立たせる。

ベルギー生まれのビールの顔ぶれの多彩さは、この国がかつて周辺諸国であるオーストリアやフランス、オランダに支配され、文化や言語面で影響を受けたことと無関係ではない。ベルギーのビール造りは、職人わざのような個性的なものから国際的に有名な銘柄のステラ・アルトワにいたるまでさまざまだが、もっともよく飲まれているステラ・アルトワにしても、その歴史は古く、1366年にルーヴァン市に創業された醸造所にさかのぼる。現代のベルギーは1831年にようやくオランダから独立を獲得したが、ベルギーのビール醸造の起源は中世にある。

14世紀にブリュッセルでビール醸造業ギルドが結成され、1698年にそれまでギルド本部として使われていた建物に代わって、市内の大広場グランプラスにメゾン・デ・ブラッスールが建てられた。現在この建物は国立のビール博物館として、ビール造りの歴史をとどめている。

ベルギーで生産されるすべてのビールの中でもっともよく知られているのは、おそらく「修道院ビール」や「トラピスト・ビール」に分類されるビールだろう。これらの名称はある特定のスタイルのビールの総称というより、教会との共通の結びつきを示している。注意しなければならないのは、トラピスト・ビールと修道院ビールを混同してはいけないということだ。

「トラピスト trappiste」は法的に保護された呼称で、1962年に厳格なガイドラインに沿った

ベルギーのロシュフォール修道院（ノートルダム・ド・サン＝レミ修道院）の醸造所。2007年。

ピーテル・ブリューゲル（父）「農民の婚宴」1566～69年

醸造所だけに使用が認められた。条件としては、トラピスト会修道院の敷地内の施設で、修道士によって、あるいは修道士の指導のもとで醸造されること。利益を追求せず、売上から醸造にかかる経費を差し引いた収益はすべて慈善活動に使われること。ビールそのものが非の打ちどころのない品質であること。これらの基準を満たして選ばれた7か所のトラピスト修道院醸造所のうち、6か所はベルギーにあり、残りの1か所はオランダにある。ベルギーで認められたトラピスト修道院醸造所は、アヘル、シメイ、オルヴァル、ロシュフォール、ウェストマレ、ウェストフレーテレンの6つだ。

修道院醸造所の起源は古いが、ベルギーのトラピスト修道院醸造所は6か所とも19世紀終わりか20世紀初期に醸造を開始したか、あるいは再開したものばかりだ。ビールのスタイルという点では、トラピスト・ビールはオルヴァルの黄金色のエールからウェストフレーテレンの淡い金色のエールやダーク・ビール、そしてシメイやウェストマレの「デュベル」（強いダーク・ビール）や「トリペル」（強い黄金色のビール）までさまざまだ。

「修道院」ビールと呼ばれるビールは商業的なビール会社によって造られ、実際の修道院組織との関係を保っているものもあれば、そうでないものもある。もっともよく知られているブランドはレフ。レフが造る上面醱酵ビールにはいくつかのスタイルがあり、「ブロンド」や「ブリュンヌ」（ダーク）などの種類がよく知られている。今ではレフのビールはベルギーのルーヴァンにある2軒のステラ・アルトワの醸造所のひとつで造られ、ブランドの所有者であるＡＢインベブ社がレフ修道院にライセンス料を支払っている。

ベルギー名産のユニークなビールのひとつがランビックで、現在ではいくつもの国のクラフトビール醸造所で類似したものが造られている。トラピスト・ビールと同様に、ランビックという名称には厳格に決められた基準があり、製造方法や製造場所の地理的な特徴まで、この基準に従わなくてはならない。ランビック最大の特徴は自然醗酵ビールという点にある。この古典的ビールは、古くからベルギーの首都ブリュッセル周辺のパヨッテンラントという地域を中心に造られていた。

ランビックは通常、未発芽小麦と大麦麦芽を使い、ホップを大量に添加して造られる。しかし、ランビックに使用するホップはたいてい2年から3年貯蔵したもので、普通のビール醸造に使用されるホップに比べて香りも苦みも少なくなっている。ランビックでは、ホップの役割は香りづけではなく殺菌作用だからだ。

麦汁は広くて浅い蓋のない槽に入れられ、そこに天然の野生酵母や微生物が入りこんで醗酵が進む。醗酵が終了する前に麦汁は木製の樽に注がれ、長期間熟成させる間に酸味が強まっていく。ランビックの醸造は科学的に管理されたデータではなく、自然任せの部分が大きいため、樽ごとにかなり風味の違いが生まれる。均一な製品を造るためにはブレンドが不可欠だ。

性質の点では、ランビックはかなり酸味が強く、多くの人にとって刺激的な味だ。生産量が比較的少ないにもかかわらず、その独特の個性と、醗酵の科学的な仕組みがまだよく理解されていなかった頃の原始的な醸造法に従っているという事実から、多くの熱狂的ビール愛好家に愛されている。

ランビックにはサクランボ（クリーク kriek）や木イチゴ（フランボワーズ framboise）などのフルーツやフルーツジュースを加えたものがあり、砂糖を加えて甘くした「ファロ」と呼ばれるランビックもある。これは本来のランビックの酸味が苦手な人のために造られたものだ。もっともベーシックで伝統的なランビックは「グーズ」と呼ばれるもので、古いランビックと若いランビックをブレンドして造る。通常は瓶詰めで販売され、瓶内で醱酵が継続して炭酸ガスを豊富に含んだビールになる。

ランビックはしばしば「ワイルドビール」に分類される。このジャンルに入れられるビールには、同じくベルギーのフランダース地方のレッド・ビールとブラウン・エールがある。

フランダース・レッドは赤い色の麦芽から造られ、大きな木製の桶の中でおよそ2年間熟成される。ランビックと同様に、このビールは醱酵の間にラクトバシラス属（学名 *Lactobacillus*）の細菌（乳酸菌）の活動によって生まれる刺激的な酸っぱいフルーティなフレーバーが特徴だ。フランダース・ブラウンは「サワー・ブラウン」、あるいは「オード・ブライン（古いブラウン）」とも呼ばれ、やはり醱酵中にラクトバシラス属の細菌が働くのが特徴で、色は銅色から濃い茶色まである。フランダース・レッドもブラウンも、通常は古いビールと比較的若いビールをブレンドして造り、ブレンドの比率によって味わいの異なるビールができる。

ベルギー・ビールでもうひとつ忘れてはならないのは、ヴィットビール（witbier）、つまり「ホワイト・エール」だ。同様のものは国境を隔てた北部ドイツでも造られている。ヴィットビールは小麦で造られるのが特徴で、他の穀物を組み合わせて使う場合もあり、エンバクを少量混ぜるのが一般的だ。ベルギー産のヴィットビールは伝統的にルーヴァンとヒューガルデンを中心に造られてきたが、ヒューガルデンのビール醸造は1950年代の半ばに途絶え、それとともにヴィットビールの生産も中断された。幸い、ヒューガルデンで最後まで残っていたトムシン醸造所で働いていたピエール・セリスによって、1960年代に醸造が再開された。

現在、ヒューガルデンのブランドはABインベブ社が所有し、このスパイシーで柑橘系のフレーバーを持つさわやかなビールは、小麦、大麦麦芽、ホップ、コリアンダー、キュラソーの原料となるラハラというオレンジの皮を使って造られている。今ではヒューガルデン・ヴィットビールは世界中で売られているが、ベルギーの数多くの独立した醸造所でも少量のヴィットビールが生産されている。

◉ドイツ——厳格なビール造りとクラフトビールの高まり

ビール愛好家は、「ドイツ」と聞けばかならずミュンヘンを思い浮かべるに違いない。バイエルンの古都ミュンヘンはビール醸造の町であり、すでに1269年には最初の醸造所が設立されている。少なくとも1328年までさかのぼるアウグスチネル・ブロイ醸造所は現在も営業を続け、ミュンヘン最古の醸造所の栄誉を担っている。現在はミュンヘンの醸造所の大半が国際的大企業と合併するか、買収されてしまったが、アウグスチネル・ブロイ醸造所は独立を保っている。もうひとつの例外はホフブロイ醸造所で、こちらはバイエルン州政府によって経営されている。

数多くの醸造所や地元の活気あふれるビール文化を支えるだけでなく、ミュンヘンはビールに関するあらゆるものを楽しむ年に1度のヨーロッパ最大のビール祭、オクトーバーフェストの舞台でもある。この祭りは毎年なんと600万から700万人もの観光客を集め、600万リットルを超えるバイエルン産ビールが消費される。最初のオクトーバーフェストはバイエルン王国の皇太子ルートヴィヒの結婚を祝うために1810年に開催され、地元ビールを飲んで盛り上がるのが主な目的になったのはそれから8年後のことだ。

現在では、ビールとともにザワークラウト［酸味のあるキャベツの漬け物］、ブラートブルスト［ソーセージ］、オックステールなどの伝統的なドイツ料理の数々が楽しめ、ますますビールが進むイベントとなっている。ミュンヘンにあるシュパーテン、アウグスチネル、パオラネル、ハッカー・プショール、ホフブロイ、レーベンブロイの6つの醸造所がオクトーバーフェストに参加している。

ビールはミュンヘン市民とバイエルン州民全体の心をしっかりつかんでいるだけでなく、ドイツ16州の最南端にあるこの州は、ビール醸造に不可欠ないくつかの原料の重要な生産地でもある。実際、バイエルンは世界のホップ需要のおよそ35パーセントを栽培するほか、最高級の醸造用大麦と小麦、そして評価の高いスペシャルティ・モルトも生産している。

歴史的に見ると、青銅器時代には現在ドイツとなっている地域でビール醸造が行なわれていたの

オクトーバーフェストでにぎわうミュンヘンのレーベンブロイ・ビアホール

ホフブロイハウスのウェイトレス。ミュンヘン。

は確かなようだ。ドイツのビール醸造について記録した文献はローマ時代から存在する。多くの国々と同様に、ドイツのビール醸造は修道院の生活の一部となり、バイエルンのヴァイヘンシュテファンにあるベネディクト派の修道院は1040年に許可を得てビール醸造を始めた。そこでは今でもビールが造られており、この修道院は現在も操業を続けている世界最古の醸造所だと一般に考えられている。

世俗のビール造りが重要な産業として成長すると、ビールの品質を守るための純粋令が考えだされた。そのうちもっとも有名なのは、「ラインハイツゲボート Reinheitsgebot」と呼ばれる「バイエルン純粋令」だ。この名称は実際には1918年につけられたものだが、法律の起源は1516年にバイエルン侯ヴィルヘルム4世が制定した法令までさかのぼる。この法令によって、ビールは水とホップと大麦だけで造らなければならないと定められた。

今日では、バイエルンは法令を改正しながらも、独自の厳格な純粋令を守り続けている。下面醱酵ビールの場合、原料は水と酵母、ホップ、大麦麦芽に限られるが、上面醱酵の製法で造られるビールには小麦麦芽とライ麦麦芽の使用も認められる。ドイツの広い範囲で守られている純粋令はもっと寛容で、外部からの砂糖の添加など、バイエルンのオリジナルの純粋令にいくつかの修正を認めている。これらの規則は、ドイツのビール酒税法で正式に法制化されている。

現在ドイツは世界第5位のビール生産国だ。ドイツはかつてアメリカに次いで第2位だったが、今日では中国がトップに立ち、アメリカ、ロシア、ブラジルの順で続いている。生産量の低下とともに、最近の数十年間はドイツ国内のビール消費量も減少を続け、過去30年間でほぼ3分の1の減少となった。約2500軒あった醸造所は半分をやや上回る程度まで減り、Brauereisterben（文字どおり、「醸造所の死」を意味する）という表現がドイツ語に登場した。19世紀にはベルリンだけでおよそ700軒あった醸造所は十数軒まで落ち込み、国内全体のビール生産量は、1990年の東西ドイツ統一以来初めて10億ヘクトリットルの段階を下回った。

しかし明るい面を見れば、やや画一的なピルスナー・タイプのビールが市場を席巻したために見過ごされがちだった伝統的なドイツ・ビールへの関心が、クラフトビール部門の成長によって高まりを見せている。もとはといえばバイエルン出身のビール醸造家ヨーゼフ・グロルが、当時ボヘミアと呼ばれていた地域（現在のチェコ共和国）で生み出したピルスナーが、今ではドイツ市場の50パーセント以上を占めている。

しかし、バイエルンでとりわけ人気があるのは「白いビール」——ドイツ語ではヴァイスビールで、これは小麦麦芽を通常50〜60パーセント使って造られる、ベルギーのヴィットビールに相当する小麦ビールだ。ヴァイスビールは小麦麦芽を最低50パーセントは使用することが法律で定められ、アルコール度数の高いものはヴァイツェンボックと呼ばれる。一方、色の濃い麦芽を使って醸造される小麦ビールはデュンケルヴァイツェンと称される。デュンケル（dunkel）とは「濃い」という意味だ。おそらくドイツのヴァイスビールの中でもっともよく知られたブランドはエルディンガーだろう。エルディンガーはミュンヘンの北に位置するエルディングの町にあるエルディンガー・ヴァイスブロイという独立した醸造所で造られている。

ヴァイスビールの起源は中世までさかのぼり、昔から誇るに足るドイツ・ビールの古典的スタイルだと考えられてきた。20世紀になると人気を失ったが、１９７０年代以降に復活を遂げた。今ではヴァイスビールはバイエルンのビール販売量の3分の1を超えている（ただし、ドイツ全体ではおよそ10パーセントにとどまっている）。

もうひとつのドイツの古典的スタイルのビールにヘレスがある。ヘレスとは「淡い」という意味だ。ヴァイスビールと同様に、ヘレスはバイエルンの一種の名産品だが、ドイツ全体でも愛飲されている。典型的なヘレスは麦わら色で、麦芽の風味とまろやかな苦みがあり、バイエルンの夏にふさわしい「セッション」ビール［アルコール度数が低いビール］だ。

ヘレスのほかに、バイエルンを中心に造られていたラガー・ビールにデュンケルがある。名前のとおり、デュンケルは色の濃いビールで、各地でヘレスに人気を奪われているが、今でもミュンヘンのビアホールに集まる常連客や、ミュンヘンから遠いバイエルンの田舎町では人気がある。デュンケルはたいていホップの苦みや香りは少なめで、色の濃い麦芽から造られる。麦芽の風味が強く、タフィ［バターと砂糖で作る菓子］のような甘く香ばしい風味とチョコレートのようなフレーバーがある。

ヴァイスビールもヘレスもデュンケルも、実際にはドイツ固有のビールではないが、アルトビールはデュッセルドルフ周辺が発祥の地で、今でもこの都市が名産地だ。19世紀半ばにはデュッセルドルフに100を超えるアルトビールの醸造所があったが、現在ではその数は激減し、大手の醸造会社に所有されてかなり集約が進んでいる。アルト（Alt）とはドイツ語で「古い」という意味で、ラガー・ビールが流行する前の伝統的な製法で造られたビールであることを示している。アルトビールは上面醗酵で造られる赤銅色のビールで、麦芽の風味と苦みが特徴だ。

もうひとつのドイツ固有のビールにケルシュがある。ケルシュも上面醗酵のビールで、ケルンのみで造られている。さわやかで芳醇なアロマがあり、ホップの風味が効いた金色のビールだ。1250年にはすでにケルンで醸造の記録があり、ケルシュの原料、スタイル、製造場所はケルン・ビール醸造者組合によって厳重に保護されている。ケルシュはケルンの約10か所の醸造所で生産が

ボックビールの広告。1882年頃。

続けられている。

ボックビールはもともとニーダーザクセン州のアインベックで造られたビールだが、今日ではむしろバイエルンのビールとして有名だ。ドイツ語でボック（Bock）といえば「雄ヤギ」のことで、瓶のラベルにヤギの頭がよく描かれる。麦芽の風味豊かなブロンズ色をした強いビールで、通常は下面醱酵で造られ、伝統的に冬に楽しむ季節ビールと考えられている。

ボックの中でも特に強いものは「ドッペルボック」［ドッペルはドイツ語でダブルの意味］と呼ばれ、四旬節［復活祭前の40日間］の期間中の飲みものとして、年に1度バイエルンの多数の醸造所で造られる。四旬節は断食期間なので、この地方の修道士は飲食を断つ助けとして、伝統的に「液体のパン」であるボックビールを造っていた。

ラオホビールはドイツ・ビールとしてはめずらしい、非常にスモーキーな香りのビールで、フランコニア地方のバンベルクの町で造られている。ラオホ（Rauch）とは「煙」という意味で、麦芽を焙燥させるときにブナの木のチップで燻《いぶ》している。ラオホビールは燻製麦芽を使って造るあらゆるビールを含んでいるが、通常は平均的な強さのラガー・ビールを指している。

シュヴァルツビールはローストした麦芽を使って造る「黒いビール」で、一定量のミュンヘン・モルトを使うのが理想とされる。比較的ドライな下面醗酵ラガーで、香ばしいビターチョコレートのような香りがある。ミディアムボディで、ホップの苦みもミディアムなビールだ。このビールは統一前の西ドイツではほとんど忘れられ、東ドイツでかろうじて人気を保っていたが、統一後はドイツ・ビール通の間でふたたび注目されるようになった。

◉イギリスとアイルランド――本物のエールを！

イギリスのビール造りは4世紀に現在のドイツから移住してきたアングロ・サクソン人が醸造技術を伝えたのが始まりだとされている。ヨーロッパ大陸と同様に、イギリスのビール生産の大部分は修道士が中心になり、自家醸造の文化もささやかに存在していた。しかし、15世紀以降はビール醸造が組織的で商業的な産業に成長し、18世紀になると、産業革命がイギリスの人口に変化をもたらしはじめるのと同時に、大都市の醸造所の規模がかなり大きくなった。

イギリスの人口が増加するにつれて、都市生活者の数もますます多くなった。ジンの値段が下がって手に入りやすくなったため、酔っぱらいの集団が横行し、健康を損なったり社会問題を引き起こしたりした。特に女性の間で弊害が大きかったため、「マザーズ・ルイン」［母親の堕落の原因］という言葉まで生まれている。

ビールはジンに代わる健康的な飲みものとして推奨された。ビールを飲む人はイギリスの農業振興に一役買っているかのようにみなされ、ビールの需要は急増した。18世紀の醸造ブームに乗って主要な醸造家が次々と事業を開始し、彼らの名前はそれから2世紀にわたってイギリス・ビールの代名詞となる。代表的な醸造家に、オルソップ、バス、チャリントン、カレッジ、ギネス、ミュークス、ホイットブレッド、ワージントン、ヤンガーがいる。

最初、ロンドンの大規模な醸造所はもっぱらポーターを造っていたのに対し、バートン・アポン・トレントはペール・エールで知られるようになった。スタッフォードシャー州のバートンでは、地下の硫酸カルシウム（石膏）の層に水が浸透するとき、少量の硫酸カルシウムが水に溶け込む。こうしてこの土地の水は硫酸カルシウム塩を豊かに含み、硫酸イオンが古典的なバートン・スタイルのペール・エールの特徴であるビターでドライな味わいを生むもとになっている。カルシウムイオンは糖化液の中でデンプンが糖化するのを助け、その後の醸造工程では固形物が沈殿するのを促進するので、きめ細かな泡立ちの明るいビールができる。

クラーケンウェル地区のリカー・ポンド・ストリートに建つミュークス醸造所。ロンドン。1830年。

イングランドとスコットランドの境界の北に位置するエディンバラは、バートン・アポン・トレントに次ぐイギリス第二のビール醸造の中心地に発展した。ここでもまた、醸造家が利用できる水の質がおおいにものを言った。エディンバラでは街中にある小高い丘のアーサーズシートからファウンテンブリッジ地区まで「チャームドサークル」と呼ばれる地底湖が広がり、支流が市の中心部から南東におよそ5キロ離れたクレイグミラー地区に流れ込んでいる。醸造所はしだいにこの水脈のほぼ全体に沿って発達した。

スコットランドの首都であるこの街の硫酸カルシウムを豊富に含んだ硬水はペール・エールに最適で、1900年頃にはマキュアン、テネンツ、ヤンガーを筆頭に、36軒の醸造所がエディンバラで操業していた。クラックマ

ワージントン醸造所のピクニック。1920年代はじめ。

ナンシャーの都市アロアもスコットランドのビール醸造の重要な拠点で、ジョージ・ヤンガーのキャンドラーリッグス醸造所が規模の点では最大手だった。アルフレッド・バーナードは『イギリスとアイルランドの著名な醸造所 *The Noted Breweries of Great Britain and Ireland*』（1889-91年）の第2巻の執筆のためにキャンドラーリッグスを訪れ、アロアを「スコットランドのバートン」と評している。

しかし、イギリス全体の醸造所の数はビクトリア朝ではすでに減りはじめていた。理由はいくつかあるが、特に大きい要因は合併と合理化だ。全国展開を狙う大規模な醸造会社が商業的手腕を発揮して小さな地方の醸造会社を買収し、買収先の醸造所を閉鎖してしまうケースが多い。

断固として独立を守ったのは、イギリス南西部のウェールズの都市ラネリー近郊にあるヴェリンヴォエル醸造所で、ここはヨーロッパで初めて缶ビールを販売した歴史ある醸造所だ。ウェールズの独立した小規模な醸造会社としては特筆すべきことだが、ヴェリンヴォエルが世界初の缶ビール製造販売の栄誉を独占できなかったのは、アメリカの会社がそのわずか3か月前に成功していたからだ。

ヴェリンヴォエルは大企業の買収をなんとか逃れたが、全体的な状況は厳しい。1840年に5万軒あったイギリスの醸造所は、40年後には半分まで減少し、1900年には6500未満しか残っていなかった。1939年に第2次世界大戦が勃発すると、醸造所の総数は600軒まで急落し、戦後の半世紀でさらに減り続けた。

ホイットブレッド醸造所の麦芽タワー。チスウェル・ストリート、ロンドン。1915年。

1970年代の終わりには、大手6社がイギリスのビール産業を支配していた。「ビッグ・シックス」と呼ばれるこの6社は、アライド、バス・チャリントン、カレッジ、スコティッシュ&ニューカッスル、ワトニー・マン&トルーマン、そしてホイットブレッド。標準化という名のゲームが進む中で、樽ビールは激減し、ケグ［ステンレス製のビール樽］がそれに取って代わった。

ケグの場合、ビールは冷やし、濾過し、低温殺菌されてから詰められ、ビールを注ぐときは人工的な圧力をかける。ケグに詰めたビールは長く保存でき、樽詰めエールのような味のばらつきや思いがけない変化の心配はないが、個性には著しく欠けている。ケグ・ビールが世界中に広まると、本格的にラガーに鞍替えしつつあったイギリスのビール愛好家もほどなくケグ・ビールを受けいれた。

今日では、イギリスの大規模なビール醸造は4つの多国籍企業、ABインベブ、カールスバーグ、ハイネケン、ミラークアーズの手中にある。ブランド所有の集中と製品の標準化が明らかに進み、イギリスのビール醸造の個性的で貴重な部分のほとんどが失われる危険にさらされ、伝統的なイギリス・ビールのスタイルも瀬戸際まで追いつめられている。しかし、過去30年間のキャンペーン・フォー・リアルエール（CAMRA）の成功はイギリスの伝統的なビールにふたたび活気を与え、世界各国の「クラフト」ビール醸造家の手本になっている。

2011年にCAMRAが40周年を祝ったときは、イギリス全体で800軒の独立した醸造所が操業していた。その多くは地ビールの存続や復活を確実にし、昔ながらの銘柄に新しい工夫を取り入れ、世界的大企業が販売する大量生産のラガーに対抗して幅広い選択肢を提供している。

おそらく、イギリスのビールとしてまっさきに思い浮かぶのはビターだろう。比較的ドライでホップが効いており、冷たすぎない程度に冷やして飲む。ラガーが圧倒的に流行する前は、アルコール度数が低いビターは社交の場にふさわしい「セッション」ビールとしてイギリスのパブの定番とされ、現在もビター一筋というファンがいる。ビターはペール・エールの一種だが、ペール・エールのほうがホップの要素が抑えられている。

「ビター」という言葉が最初に印刷物に登場したのは19世紀半ばのことだ。大量生産のブランドでは、テトレー・ビターとジョン・スミス・ビターがもっとも有名だが、地方の小規模なクラフトビール醸造家はビターに新しい解釈を加えている。変わったところでは、アルコール度数を高くし、より複雑な味わいに仕上げたエクストラスペシャル・ビター（ESB）がある。

ペール・エールは本来色の薄い麦芽で造る上面醗酵ビールを指す包括的な言葉で、ビターやインディア・ペール・エールもこの中に含まれる。イギリスの「ペール・エール」が最初に醸造されたのは17世紀半ばだ。インディア・ペール・エール（IPA）は、インドをはじめとする大英帝国の多数の植民地に住む兵士や移住者の喉の渇きをいやすために、長い船旅に耐えられるようにアルコール度数もホップの苦みの度合いも比較的高めて「保存性」をよくしている。IPAのさわやかな味わいが、インドに渡ったイギリス人の渇きを潤したのは間違いない。大英帝国が過去のものになると、20世紀の間はほぼずっとイギリス全体でIPAの人気は衰えていたが、最近のクラフトビール醸造運動で、このスタイルのビールに対する関心が高まっている。

IPAと同様に、マイルド・エールもイギリス独特のスタイルだったが、20世紀にはあまり飲まれなくなっていた。そしてIPAがある種の復活を遂げたのに対して、マイルドはごく一部の人々の間で好まれているにすぎない。マイルドは一般的に色が濃く、アルコール度数の低い、ホップの風味の軽いビールだと考えられているが、本来は比較的若く、穏やかな風味のビールだ。

20世紀半ばまで、値段の手頃なマイルドは少なくともビターと同じくらい飲まれており、特に都会の労働者階級の間に根強いファンがいたが、この「ファン層」の中にマイルド凋落の前兆があった。というのは、イギリス国民は誰もが急に中産階級を目指したようで、布帽子をかぶってウィペット［労働者階級が改良した狩猟犬］を連れてパブで一杯やる年寄りのイメージを持つマイルドは、誰も飲みたがらなくなったからだ。幸い、イギリスでも他の国々でも、クラフトビール醸造家は少量ながらマイルドを造り続け、この老兵は今も命脈を保っている。

スタウトもまた、ここ数年小規模醸造家の間で人気を得ているが、販売の大半を担っているのは、スタウトの本家本元アイルランドのギネスやマーフィー、ビーミッシュといった醸造会社だ。「ドライ・スタウト」、あるいは「アイリッシュ・スタウト」と呼ばれるこのほとんど真っ黒なビールは、ローストした麦芽をある割合で使用し、独特のドライでコーヒーのような香りを出している。

スタウトはもともとポーターの一種で、最初は「スタウト・ポーター」という名で呼ばれ、アルコール分がかなり強いことを示していた［「スタウト」とは強いという意味］。スタウトは強いビールを表す包括的な名称になり、やがてアイルランドとアイルランド人のビールの飲み方に深く結びついた特定のスタイルのビールを指すようになる。

多くの人々にとって、スタウトといえばギネスのことだ。スタウトがダブリンで盛んに飲まれている理由のひとつに、ダブリンの水が色の濃いビールの醸造に理想的だという点がある。1880年代にはすでにダブリンにあるギネス社のセント・ジェームス・ゲート醸造所は世界最大規模を誇り、アイルランドも20世紀後半のラガーの大流行と無縁ではいられなかったとはいえ、特にギネスは若者が誇らしげに飲むアイルランド伝統の飲みものとしてブランド・イメージを作ることに成功した。ギネスの親会社であるディアジオ社のマーケティング戦略と影響力のおかげで、ギネスのス

ギネスのポスター。1920年代。

タウトは世界中にファンを獲得している。

さまざまなスタウトのひとつに、オートミール・スタウトがある。これは大麦麦芽に挽きわりエンバクを加えて造るスタウトで、官能的なマウスフィール［口に入れたときの感覚、口当たり］が得られる。ビクトリア朝ではスタウト全般の人気が高く、とりわけオートミール・スタウトはよく売れた。オートミール・スタウトは栄養面に優れ、病人に飲ませるとよいと考えられていたからだ。

もうひとつのスタウトは、ロシアン・スタウト、またはインペリアル・スタウトと名づけられている。この商品は18世紀のロンドンでは強いポーターとみなされ、特にバルト海周辺諸国向けの輸出用ビールで、ロシアの女帝エカテリーナのお気に入りだったと言われている。

バーレー（大麦）ワイン［「ワイン」と名前がついているがビールである］はインペリアル・スタウトよりさらにアルコール度数の高いエールで、もともと18世紀に大邸宅の自家醸造所で造られていた。はじめは色の濃い麦芽を使って造られていたが、のちに商業的に生産されるようになると、色の薄い麦芽を使うのが主流になった。このビールは比較的高価で、長期間熟成させるのが特徴だ。バーレーワインは甘いものが多く、アルコール度数がきわめて高く、フルーティな香りが楽しめる。

バーレーワインはオールド・エール、あるいはストロング・エールと呼ばれるエールと関係が深い。伝統的なバーレーワインと同様に、オールド・エールの醸造には、糖化液を濾過したときに最初に流れ出てくる濃度の高い「一番麦汁」だけが使われる。木製の樽で数か月、ときには数年間も貯蔵されるオールド・エールは、しばしば新しい造りたてのビールとブレンドされ、芳醇で複雑、しかも新鮮な味わいのある製品になる。現代の「オールド・エール」は昔に比べると熟成期間が短くなる傾向にあり、この名前が単にボディのしっかりした甘くて色の濃い、アルコール度数の高い冬のビールに使われる場合も多い。

スコットランドのビールには「ヘビー」という独特の言葉が使われる。スコットランドでヘビーと呼ばれるビールはアルコール度数が中程度のビターで、それより強いビールは「エキスポート」、あるいは「スペシャル」と呼ばれる。「ウィー・ヘビー」はさらに強く、アルコール度数が7パーセントを超えるものも少なくない。昔からスコットランドのビールはイギリスのビールよりホップの風味は軽い。これは主に、スコットランドの醸造所と最寄りのホップ生産地が遠く離れているためだ。

スコットランドでは、ビールの強さを「シリング」という言葉で表すことも知られている。この名称は1880年にビール税が制定されたあとに導入された。「シリング」は本来、課税前の一樽の値段を表していたが、そのうちにただビールの強さとタイプを示す指標になった。ペール・エールは50～60シリング、「エキスポート」なら70～80シリングだ。もっともよく売られている「エキスポート」のブランドはカレドニアン80（エイティ）シリングで、エディンバラで最後に残った本格的な醸造所で造られている。

フィラデルフィアの醸造所。1870年頃。

◉アメリカ――二大ビール会社と小規模醸造家たち

新世界には16世紀終わりから17世紀はじめにかけて、ヨーロッパからの移住者がビール造りの技術をもたらし、早くも1620年には現在のニューヨークに商業的醸造所が設立された。その後、17世紀の間に専門的醸造所が各地で誕生し、国家的産業のあけぼのとなった。しかしイギリス人植民者、そしてイギリス人の子孫たちは、ビール醸造を安定した産業として確立するかと思われたが、実際には目立った足跡を残さなかった。むしろビール醸造業を実際に精力的に推し進めたのは、1830年代以降に大挙して到着したドイツ人移住者だった。

アメリカの醸造家は、はじめ上面醗酵ビールであるエールやポーターを造っていたが、1840年にバイエルンからフィラデルフィアに移住してきたジョン・ワグナーが、ラガーの製造に必要な下面醱酵酵母をアメリカにもたらした。ドイツ人の人口増加による後押しも大きく、ラガーはたちまちエールやポーターに代わってアメリカ人のお気に入りになった。19世紀には、合わせて800万人にものぼるドイツ人がアメリカに移住している。20世紀のビール醸造を支配し、形を変えながら今日まで生き延びているアメリカの大手醸造会社の多くを築いたのは、彼らドイツ人だった。

たとえば、エバーハート・アンハイザーはドイツ西部の故郷バート・クロイツナハから1842年にミズーリ州セントルイスに移住した。アンハイザーは自分が設立した石鹸工場で財産を築き、主要な債務者が借金を返済できなくなると、代わりにその人物の醸造所を譲り受けた。こうして、偶然にもアンハイザーは醸造業にうまく参入した。

ババリアン・ブルーイング・カンパニーはE・アンハイザー&カンパニーと名を変え、1861年3月にアンハイザーの娘がドイツのマインツ出身でビール醸造資材の会社を経営していたアドルファス・ブッシュと結婚した。明らかに、このふたつの結びつきは同じ目的を持つ理想の組み合わせだった。ブッシュは義理の父親のビジネスに加わり、醸造会社アンハイザー・ブッシュが誕生する。彼らが造るチェコ・スタイルのバドワイザーは、1876年に販売が開始された。

この歴史ある有名な醸造会社は、2008年にベルギーのビール会社インベブに買収・合併され、世界最大のビール会社アンハイザー・ブッシュ・インベブ（ABインベブ）傘下とはなったが、アンハイザー・ブッシュ社はアメリカ全体で12軒の醸造所を経営し、毎年合計およそ1億バレルを生産、アメリカ国内のビール消費量の半分近くを占めている。「バドワイザー」という名称の使用

ミズーリ州セントルイスのブロードウェイとペスタロッチ・ストリートの交差点に建つアンハイザー・ブッシュ・ブルワリー。1900年頃。

バドワイザーの配達。ワシントンD.C.。1920年代。

をめぐって、アメリカの「バドワイザー」の商標所有者と、チェコ共和国のブドヴァイス市で生産されるブドヴァイゼル・ブドヴァルの所有者との間で1世紀を超える論争が続けられてきたが、現在ではある種の和解が成立している。

一方、もうひとりのドイツ人アドルフ・クアーズ（ドイツ名はクールズ）は、1868年にアメリカに移住し、その4年後にコロラド州デンバーに落ちついた。エバーハート・アンハイザーと違って、クアーズは故郷で醸造の経験があり、醸造の専門家だった。彼はロッキー山脈のふもとのコロラド州ジェファーソン郡のゴールデンに醸造所を造り、ジャコブ・シューラーという人物と共同経営にあたった。1880年にクアーズはパートナーの権利を買い取り、醸造所はアドルフ・クアーズ・ゴールデン・ブルワリーとして知られるようになった。

１９８０年代にクアーズはアメリカ中西部諸州から販路を広げて全国展開を始め、２００２年にはイギリスのバートン・アポン・トレントのバス・ブルワーズ・リミテッドが所有する資産を買い取り、さらに3年後にカナダのモルソン・ブルーイング・カンパニーと合併した。コロラド州ゴールデンのクアーズ醸造所は世界最大のビール工場で、年間およそ２０００万バレルの生産能力を誇っている。

２００８年から、クアーズはＳＡＢミラーとアメリカで合弁会社ミラークアーズを経営している。ミラー・ブルーイング・カンパニーもドイツ人移民のフレデリック・ミラーが設立した会社だ。ドイツのリートリンゲン出身で、元はフリードリヒ・ミュラーという名前だったミラーは、１８５４年にアメリカに移住し、翌年ウィスコンシン州ミルウォーキー近郊の醸造所を買収した。

商業的に成功した初の低カロリービール、ミラー・ライトを主力製品とするミラー社のビールは、アメリカ国内市場ではバドワイザーに次いで第2位の人気ブランドとなり、２００２年に南アフリカ醸造社（ＳＡＢ）に買収されてＳＡＢミラーとなった。現在、ミラーはアメリカの6つの州でビールを造っているが、ミルウォーキーの「ミラー・バレー」は今もミラーの「ホームグラウンド」であり、ミラーの前身であるプランク・ロード・ブルワリーを複製した建物は観光名所となっている。

ジョセフ・シュリッツ・ブルーイング・カンパニーもミルウォーキー生まれで、かつては世界最

レッドストライプ・ライト。ジャマイカのビールとして知られているが、レッドストライプ社はイリノイ州の都市ガリーナで創設された。現在はイギリスの酒造メーカーのディアジオの傘下にある。

パブスト・ブルーイング・カンパニーの巨大な醸造所。ミルウォーキー、1909年。絵葉書。左上に示されている1844年の光景と比較してほしい。

大のビール会社だった。シュリッツのビールは「ミルウォーキーを有名にしたビール」というキャッチフレーズがつけられ、1968年にこの言葉を元にした「なにがミルウォーキーを有名にしたか *What Made Milwaukee Famous*」という曲をジェリー・リー・ルイスが歌ってヒットした。また、のちにロッド・スチュアートが同曲をカバーしてヒットさせている。

20世紀初頭、アメリカの醸造家たちはある危機に直面していた。それはヨーロッパの同業者が悩む必要のなかった問題、すなわち禁酒法の施行である。州ごとのアルコール飲料の禁止は、まずメイン州がドライ・ステート〔禁酒法を実施した州〕となったのを皮切りに、1850年から各州に広がった。ヴォルステッド法によって禁酒法が合衆国全体に効力を持った1920年には、アメリカ全土で1200軒の醸造所が操業していた。

禁酒法時代の1923年、ワシントンD.C.で749箱（1万8000本）のビールが廃棄された。

禁酒法の時代、ビール会社は多角化を余儀なくされ、たとえばクアーズはノンアルコールビールや麦芽乳パウダー［大麦麦芽、小麦、全乳から造られ、甘味料や製菓材料になる］の生産に乗り出し、アンハイザー・ブッシュもノンアルコールビールや冷凍ケースを販売した。アルコール度数０・５パーセントの「ニアビール」も、多数の醸造会社で生産された。

禁酒法が１９３３年に廃止されると、ビール生産が再開される。クアーズの醸造所は１９３３年4月７日の真夜中、アルコール飲料の生産がふたたび合法化されたまさにその瞬間に醸造を再開した。しかし、禁酒法撤廃から3年たっても、操業している醸造所はわずか７００軒にすぎなかった。禁酒法撤廃から半世紀の間に、醸造所の数は急激に減り続けている。世界中の製造業で生じている合併の動きがビール業界にも及んだからだ。１９８４年に操業を続けていたのは、わずか44社が所有する83軒

アンカー・ブルワリー。サンフランシスコ、1905年頃。

の醸造所だけだった。ビール消費量が増加し、2億2200万の人口を抱える国としては、この数字は驚くほど低い。

アメリカ国内のビール消費量はABインベブとSABミラーの商品が大半を占めているとはいえ、近年のアメリカのビール業界で目立つのはクラフトビール醸造運動の盛り上がりだ。この運動は、アメリカ中どこに行っても少数ブランドのビールしかなく、それらの商品に個性がないという現状への反発から生じている。

もっとも早い時期にクラフトビールの醸造に着手したのはフリッツ・メイタグだ。倒産しかかっていたサンフランシスコのアンカー・ブルーイング・カンパニーの権利の大半を1965年に買収し、アンカー・スチーム・ビールをよみがえらせた。このビールは浅い開放式醱酵槽で醱酵させて造られる。１８９６年以来の歴史あるアンカー・スチーム・ビールは、１９７１年にメイタグによって初めて瓶入りの形で売り出された。

小規模で独立心のある多くの醸造家がすぐにメイタグの手本に倣《なら》い、はじめはささやかだった流れが、ついには本物の大きな流れになった。１９９０年には、稼働している醸造所の数はわずか10年前の3倍に増加し、現在その数は１７００軒にのぼる。アメリカのビール販売量のうち、クラフトビールが占めるのはわずか約5パーセント、輸入ビールは13パーセントだが、アメリカのビール愛好家がお決まりの「バド」やミラー・ライトとはちょっと違う味わいを求めているのは確かだ。

主にアルコール度が高く香り豊かなビールを生産するアメリカのクラフトビール醸造家たちは、ヨーロッパのビールから多くを学んでいる。現在では熱心なベルギーふうの醸造所が数か所にあり、クラフトビールの醸造ではたいてい、技術革新と新しい試みがもっとも重視されている。それが行き過ぎて、ちょっと変わったビールができることもある。ケンブリッジ・ブルーイング・カンパニーがボストンで営業しているレストラン形式のブルーパブでは、なんとワインの名産地ナパ・バレーのフレンチ・オーク樽で1年間熟成させ、ブドウとアンズを入れたビールを造っている！

◉その他の国々

世界のほとんどすべての国で、なんらかのビールが造られている。そして主要なビール生産国と消費国の「成績一覧表」を見ると、いくつかの驚くべき事実にぶつかる。何十年間も世界のビール市場のトップを走ってきたアメリカは、現在は中国に抜かれて2位に甘んじている。実際、中国は現在世界のビール市場のほぼ25パーセントを占めている。

中国のビール造りは９０００年前までさかのぼるが、ビール関連の数字が劇的に成長したのは、過去20年間に中国が世界の舞台で経済大国として頭角を現してからにすぎない。中国では５００軒を超える醸造所がビールを生産しているが、中国の主要なビール会社の大半は外国の大手ビールメーカーとの合弁企業になっている。

一方、中国全体で47軒もの醸造所を単独で、または共同で所有しているカールスバーグのように、いくつかの外国企業は独自に中国のビール市場に大規模な投資を行なっている。また、カールスバーグは１８７６年に中国にビールを輸出しはじめて以来、この国と長い結びつきを持っている。

国別ビール消費量の第3位に登場するのはブラジルで、ここ数年、熱狂的なクラフトビール革命が起こっている。ＡＢインベブ社がブラジルのビール消費量の3分の2を占めているとはいえ、この国ではおよそ１００軒のクラフトビール醸造所が操業している。ビール醸造技術は１６３４年にオランダ人入植者によってブラジルに伝えられた。ブラジルに次ぐ第4位はロシア。ロシアの

青島醸造所の巨大な看板。チンタオ、中国。

タイのビール、シンハー。

ピルスナー・ウルクェルを醸造するプラジドロイ・ブルワリーの門。ピルゼン、チェコ共和国。

ビール市場はカールスバーグ傘下のバルティカ・ブルワリーの天下で、この会社はモスクワとサンクト・ペテルブルクに経営の中枢を置き、ロシア国内に10軒の醸造所を運営している。

ビール消費量の統計では23位に顔を出すにすぎないが、チェコ共和国にはおよそ125軒もの醸造所があり、国民ひとり当たりの年間ビール消費量160リットルはアメリカの2倍だ。ピルスナー・スタイルのビールの生みの親として、チェコもビールの歴史の中で重要な位置を占めている。

オーストラリアのビール醸造はイギリスから伝わり、19世紀にオーストラリア独自の大規模な醸造会社が次々に誕生した。現在オーストラリア最大の醸造会社はカールトン・ユナイテッド・ブルワリー（CUB）で、伝統的なブランドのビクトリア・ビターやフォスターズを販売している。フォスターズはアメリカ人のウィリアムとラルフ・フォスター兄弟が1888年にメルボルンでビール造りを始めたときからの商品だ。カールトン・ユナイテッド・ブルワリーは現在SABミラーに所有されている。

フォスターズとともに有名なオーストラリア・ビールのブランドは、1860年創業のシドニーのトゥーイーズだ。トゥーイーズは現在日本のキリンビール株式会社が所有するライオン・ネイサン・ナショナル・フーズの傘下にある。ライオン・ネイサンは評判のキャッスルメインXXXX（フォーエックス）もブリスベンで造っている。

メキシコのビール産業は、ABインベブが所有するグルポ・モデロとハイネケン・メキシコが大半を占めている。ハイネケン・メキシコは、メキシコの大手飲料会社フェムサのビール部門をハイネケンが買収して設立した会社だ。この2社は主に国境を越えたアメリカで主流のピルスナー・スタイルのビールに非常によく似た商品を生産しているが、歴史的に見ると、メキシコのビール醸造はオーストリアやドイツの影響を受けて発達した。

オーストリア出身のメキシコ皇帝マクシミリアーノ1世（在位1864～67年）の治世に、多数のオーストリア人とドイツ人が醸造技術を携えてメキシコに移住し、その技術をおおいに活用した。1900年代初頭にはメキシコにおよそ35軒の醸造所があったが、20世紀の間に世界中の醸造業界を席巻した合併の動きにメキシコも無縁ではなかった。

デンマーク、ノルウェー、スウェーデンのスカンジナビア諸国には、例外なく魅力的なビールの

日本のブランド、サッポロビールの海外向け商品「サッポロ・プレミアム」。

カールスバーグ・ブルワリーの象の門。コペンハーゲン。

伝統がある。北方に位置するこれらの国ではブドウが栽培できないので、国産ワインを飲む習慣が育たなかった。デンマークのビール造りは紀元前１３７０年頃までさかのぼると考えられている。中世には修道院醸造所による醸造が盛んだったが、17世紀終わりには首都コペンハーゲンに約１４０軒の醸造所が造られていた。１８４７年にカールスバーグ醸造所が設立され、デンマークにラガーを飲むビール文化が生まれた。ラガー一辺倒の状態が変化したのは、クラフトビール醸造が盛んになったここ数年のことだ。

ノルウェーではビール醸造は13世紀はじめ頃に始まり、17世紀、18世紀にはビール造りは事実上領主の義務だった。商業的醸造の開始はデンマークより遅く、19世紀前半になってようやく始まった。しかし１８５７年に

南アフリカのプレトリアに建てられたキャッスル・ブルワリー。19世紀終わり。

は350軒を超える醸造所が稼働し、色の濃いバイエルン・スタイルのラガーが人気を集めていた。ピルスナーが主流になるのは第2次世界大戦後のことだ。

現在スウェーデンとなっている地域では、北欧青銅器時代［紀元前1700年頃から紀元前500年頃まで］にはすでにビールが造られていたことが知られている。ホップは1100年頃から使われはじめ、ホップの輸入依存度を減らすために、1442年から1734年にかけて農民は法律でホップ栽培を課せられた。ご多分にもれず、スウェーデンでも19世紀半ば以降はラガーが主流を占めた。

第6章◉ビールをいかに楽しむか

◉パブ

ビールを飲む。それははるか昔から伝わる楽しみであり、共同体としての娯楽という側面もある。だからビールの飲み方の伝統、風習、儀式、習慣が世界中で発達するのは当然で、そのうちいくつかは世界的に広く見られ、いくつかはあくまでも地方の習慣にとどまっている。ところ変われば飲む場所もまったく違う。そしてビールを飲むという点では、イギリスのパブほど特別の場所はほかのどんな国にも見られない。

フレデリック・ハックウッドは『旅宿、エール、そして昔のイギリスの飲酒習慣 *Inns, Ales and Drinking Custom in Old England*』（１９０９年）の中で、「旅宿は、この国では文明のあけぼのとほとんど時を同じくして登場した」と述べている。ハックウッドによれば、ローマ人は西暦43年にグレート・ブリテン島に侵入し、あの有名な道路建設を開始して、道に沿って「人や馬を休息させる施設を造った。これは古き良きイギリスの沿道の旅館のローマ版であり、先駆けでもあった。（中略）酒場と同義のイギリスの旅宿《イン》は、イギリス（国家）が樹立する以前はまだ（成立し）なかった」。ハックウッドは、7世紀にはすでにイギリスにエールハウスに相当するものがあり、616年のケント国王エゼルベルト王の「法典」には「eala-hus」［古期英語でエールハウスの意味］に関する規則があったと述べている。

1577年に行なわれた調査によれば、イングランドとウェールズには合わせて1万9759軒の旅宿《イン》、居酒屋《タバーン》、エールハウスがあった。当時の総人口は370万人だったから、この数は187人に1か所の「飲食」の場があるという驚くべき数字に相当する。

ハックウッドによれば、イングランド王ジェームズ1世の治世1年目に当たる1603年に議会を通過した法令は、「旅宿、エールハウス、食堂の昔からの真の主要な使い方」は、「各地を旅行する人々の保養、息抜き、宿泊、そして大量に食料を備えるのが不可能な旅行者の入り用の品を供給すること」であると定義している。そして法令の序文で、旅宿は「不道徳で怠惰な者をもてなし、たむろさせ、時間とお金を不道徳な酩酊状態で費やさせるためにあるのではない」と定めた。

ビクトリア朝になると、多くの醸造家が販売免許を持った独立した業者にビールを売るのではなく、自分で小売店を営むようになった。この「直営酒場《タイドハウス》」のアイデアは、醸造家同士の競争が激化したために生じたものだ。小売店を所有していれば確実な売上が期待できるからで、既存のパブを

「イ・オールド・ファイティング・コックス」という名のパブ。ハートフォードシャー州のセント・オールバンズ。1930年代。コックス（鶏）はイギリスの古いパブの屋号によく用いられた。

買い取る場合もあったし、醸造家が新しく建てる場合もあった。新しい旅宿は店構えが立派で、ぜいたくな造りになっていることが多かった。

1886年から1900年の間に、234軒もの醸造所が資金集めのために株式会社になり、その資金は主にパブの買収や建設のために使われた。

20世紀になっても、イギリスのパブは第2次世界大戦が終わるまで、驚くほど昔のままの姿を保っていた。続く1960年代から70年代、醸造家はパブにお客を呼び込み、特に普段あまりビールを飲まない人を引きつける工夫が必要だと気づいて、店で出すビールの種類や質より、食事、娯楽、そして全体的な雰囲気を重視するようになった。しかし最近では社会的習慣の変化によって、多くのパブの存続そのものが危ぶまれ、特に地方ではその傾向が強い。免許法の規制を緩和して24時間営業を認可しても、パブの衰退に歯止めをかけられずにいる。

過去30年間に起こった大きな変化は、多数の大手醸造会社の醸造所が、直営または「テナント」パブ［醸造所が店舗を所有し、経営は店長に任せて賃貸料を受け取る形式］というコアマーケットに商品を提供する「垂直統合」型ビジネスから撤退したことだ。バスやホイットブレッドなどの大企業に加えて多数の地域醸造所が完全に醸造をやめ、ライセンス契約した店舗や娯楽産業の経営に集中するようになった。現在ではこれらの会社のビールやラガーは契約に基づいて第三者によって醸造され、ブランドと産地の歴史的結びつきは失われた。

その結果、パブをチェーン展開する「パブカンパニー」と一般に呼ばれる会社が成長し、かつてイギリスで醸造家が担っていた主要なビール小売業者としての役割の大半は、パブカンパニーが受け持つようになった。現在の2大パブカンパニーはパンチ・タバーンとエンタープライズ・インで、それぞれ6000軒を上回る店舗を所有している。

現在イギリスではおよそ5万7000軒のパブが営業しており、そのうち約3万軒が地域醸造家とパブカンパニーに所有されている。5万7000軒のパブといえばかなり多いようだが、イギリスで営業を認可された店舗は2012年では毎週25軒の割合で閉鎖しており、特に地方では閉鎖するパブが多い。スーパーで簡単に手に入れられる安いビールや、家庭用娯楽機器の充実、そして飲酒運転の法的規制がパブの繁栄の妨げとなった。そしてスコットランドで禁煙法が施行されたのを皮切りに、翌年の2007年にはイングランド、ウェールズ、北アイルランド全体で禁煙

レマーズ・ビアシュトゥーベン（ビアハウス）。ブレーメン、ドイツ。1950年代。

が法制化され、パブの凋落にいっそう拍車をかけた。

◉ビアホールとビアガーデン

これはイギリスに限った問題ではなく、ビール王国ドイツでも消費量は全体的に減っており、結果的に酒場の賑わいは以前ほど見られなくなっている。ミュンヘン最大のビアホールは、かつて5000席の収容人数を誇ったマットヘーザーだったが、現在では取り壊され、シネマコンプレックスに建て替えられている。クラフトビールに関する記事を数多く書いている記者のクリスチャン・デベネデッティは、2011年3月のオンラインマガジンSlate.comの特集記事の中で次のように述べている。

最近では、ドイツの名だたる醸造都市や趣のある酒場はまるで老人ホームのようだ。今日ドイツ南部（この国の醸造所の半数以上が集まっている）を訪れる旅行者は、コペンハーゲン、ブリュッセル、ロンドン、ニューヨーク、オレゴン州ポートランド、そしてローマのクラフトビールが飲める店に集まるような、意欲的な若いビール愛好家を見かけることはほとんどない。

昨年秋に２００周年を迎えたオクトーバーフェストが空前の規模で実施されたのは確かだが、オクトーバーフェストを基準にドイツのビール文化の健在ぶりを計るのは、ディズニーワールドの入場者数をもとにアメリカ映画の人気を判断するようなものだ。その昔は王太子の結婚を祝う格式のある催しだったオクトーバーフェストは、今やお祭り騒ぎと化し、ちゃちな遊園地の乗り物や、安物のラガーをハワイアンパンチ［アメリカで人気の清涼飲料］のようにがぶ飲みする群衆で賑わっている。記念すべき２００周年には、なにかとスキャンダルの多いお騒がせタレントのパリス・ヒルトンまでやって来た。

オクトーバーフェストと同様に世界的に知られているのは、ミュンヘンにある世界一有名なビアホールのホフブロイハウスだ。ホフブロイハウスとは「宮廷醸造所」という意味で、バイエルン州が経営するこの施設の歴史は、バイエルン侯ヴィルヘルム5世が宮殿の敷地に醸造所の建設を命じた１５８９年までさかのぼる。１６０７年にマキシミリアン1世が現在のホフブロイハウスの場所にヴァイスビールを造る醸造所を建設し、１８２８年に居酒屋が併設された。

ホフブロイハウス。ミュンヘン。1905年。

横長の共有テーブルと地元の肉料理、そして伝統的な座付きバンド――これらを備えたビアホールはバイエルンの大衆文化に昔から欠かせない要素であり、ミュンヘンのホフブロイハウスはドイツの政治文化においても重要な役割を担ってきた。ホフブロイハウスのオフィシャルサイトは、この店の常連だった人物としてモーツァルトやレーニンの名をあげている。しかし、アドルフ・ヒトラーとナチスの支持者がしばしば政治演説を行ない、客をもてなしたミュンヘンのビアホールのひとつにホフブロイハウスも含まれていたことは触れられていない。なお、1923年にヒトラーが権力を握るために引き起こした「ビアホール一揆」は、ミュンヘン東部にあるビアホール、ビュルガーブロイケラーが舞台になっている。

ホフブロイハウスでドイツ人がビールを飲むスタイルが大衆のイメージに定着して、ドイツ各地や国外にまでホフブロイハウスの名を冠したビアホールが次々に開店した。ホフブロイハウスのビールは、ライセンス契約したアメリカのブルーパブでも造られている。

ビアホールに加えて、ドイツでビールを飲むときに忘れてはいけないのがビアガーデンの存在だ。現在ではビールが飲める場所として世界中で見かけるが、実は最初に取り入れられたのは19世紀半ばのアメリカだった。ニューヨークで現在も営業しているもっとも古いビアガーデンは、1919年創業のボヘミアン・ホール・アンド・ビアガーデンだ。世界最大のビアガーデンはヒルシュガルテンで、もちろんミュンヘンにある。なんと8000人を収容できる規模で、いろいろな会社のビールが飲める。

ビアガーデンが19世紀にドイツ人移民の流入とともにアメリカに伝わったのだとしても、アメリカにはそれ以前からビールを飲む場所の長い伝統と発展があった。17世紀以降の植民地時代には、ビールはもっぱら居酒屋で飲まれていた。居酒屋には階級の区別がなく、人々が集まって息抜きをする場所として秩序が保たれているのが普通だった。女性はもちろん子供でさえ出入りでき、たいていはアルコールのほかに宿泊設備と食事の用意もあった。もっとも健全な店にはバーだけでなく客間もあって、非公式な地方裁判所としての役割も果たした。

19世紀後半になると、映画でおなじみの「西部劇」ふうの酒場《サルーン》が誕生し、アメリカの辺境が西に向かって徐々に拡大するにつれて、サルーンも発達しはじめた。辺境の町のサルーンは、東部の居

アメリカのバー。20世紀はじめ。

酒屋のように誰もが行ける場所ではなかった。さまざまな種類のもてなしを提供するために雇われた女性を例外として、サルーンはたいてい男だけの世界だった。大酒を飲むのはこの時代の習慣で、食事や宿泊ができるのはより高級な店に限られた。

１９２０年から33年までの禁酒法の時代には、飲酒の場として別種の店がアメリカに登場した。それは「もぐり酒場《スピークイージー》」と呼ばれる非合法な隠れ家のような店だ。人々がその店について話すとき、店の正体や場所が漏れないように声をひそめて話したためにスピークイージーと呼ばれた。多くは犯罪組織に関係があり、酒はたいてい恐ろしく高かった。しかし、昔のサルーンと違って、もぐり酒場には陽気で共犯者めいた雰囲気があり、女性の姿も多く見られた。

売り物の蒸留酒のほとんどはひどい代物だったが、カクテルで味をごまかして出された。

ビールを飲む場所についてはこれくらいにして、次はビールを飲むときの多種多様な習慣について見てみよう。

◉飲み方とお国柄

イギリスやオーストラリア独特の習慣に「ラウンド」――オーストラリアでは「シャウト」と呼ぶ場合もある――というものがある。一緒に飲みに行ったグループのメンバーが順番に全員分の飲みものを買うという風習だ。うっかりして自分の番のラウンドを引き受けないと、とんでもないマナー違反になる！　飲みものを順番におごりあうラウンドのアイデアは、アーサー王と、王に仕える騎士たちが集まったという名高い民主的な円卓の伝説に起源があると考えられている。ラウンドは大量の飲酒を奨励し、国内の戦時体制への協力を妨げるという理由で、第1次世界大戦中にイギリスのいくつかの場所ではラウンドで飲みものを買う習慣が禁止された。

オーストラリアでも飲酒に対する規制が行なわれ、1916年には夕方6時以降の酒類の販売が禁止された。そのため、一杯やりたいオーストラリア人が時間切れの前にできるだけ飲もうと、職場からバーに全速力で駆けつけるという不名誉な光景も見られた。驚くべきことに、この法令は1960年代の終わりまで有効だった。

イギリスとオーストラリアではラウンドの習慣が健在だが、ほかの多くの国々では、飲んでいる間は未清算の「勘定書」につけていき、お開きにするときに清算するというやり方をしている。アメリカでは、バーの客はカップルやグループで一緒に座るため、席が空くまで待たされることがある。一方、ドイツ人が酒を飲むときはもっと社交的で、長い共有テーブルの席の空いたところに座ることが多い。

かつて中国ではビールを飲む習慣がほとんどなく、50年前は中国人ひとり当たりの年間平均消費量は1瓶の半分程度で、禁酒の国イランよりも少なかった。ところが２００７年には、中国人の成人ひとりにつき年間およそ１０３本のビールを飲むようになり、それに伴ってビールのマナーも発達した。

中国には「乾杯《カンペイ》」という習慣がある。これは「杯を干す」という意味の言葉で、今ではビールを飲むときにも熱心に用いられる。実質的に英語の「チアーズ」と同じ乾杯のかけ声だ。もてなす側の主人や主賓が乾杯《カンペイ》と言ったら、同席した人は全員グラスを空にしなければならない。ビールで乾杯したら、出席者は食事の間ずっとビールを飲むのが礼儀だ。ワインなど、別の飲みものに変えるのはとても失礼にあたる。

中国がビールを飲む作法に熟達していく一方で、日本はビールをもっと快適に飲めるような技術革新に取り組む選択をした。改革の先頭を走るのは大手ビール会社のアサヒビールだ。瓶ビールを室温から急速に冷やす技術や、もっとも効率的にビールを注ぐためにグラスを最適な角度に傾ける

エドゥアール・マネ「カフェで」。1879年頃。

機械、そしてロボットのバーテンダーさえ作られている。

ペルーの都市では、古代アンデス文化に起源を持つ飲酒の儀式が今も若い男性の間で通用している。日曜日の朝早くサッカーに興じたあとで、チームのメンバーは連れだってバーに落ちつき、1本目の瓶ビールを誰かが買って、グラスをひとつもらう。選ばれるのはたいてい国産ビールのクリスタルだ。ビールを買った人はグラスを満たし、右側の人に瓶を渡す。そしてグラスに入ったビールを飲み、底に残った泡を床に捨ててから、瓶を持っている人にグラスを回す。こうしてビールとグラスがテーブルの周囲を回って行き、儀式は続く。

グラスに残ったものを床に捨てるのは、次に飲む人のためにグラスをきれいにする目的と、大地の女神に敬意を払うという昔ながらのアンデスの伝統に沿った行為でもある。ひとつのグラスでの回し飲みは、集まった仲間の絆を象徴している。この風変わりなビールの飲み方は、ペルーの首都リマや人口の集中した都市で今も続けられているが、現在では多くの若者がこの儀式の歴史的、文化的な意義を知らずにいる。

ビールに関するもっと「主流の」の儀式に、「ヤードオブエール」と呼ばれるものがある。これはイギリスやアメリカに昔から伝わる通過儀礼で、底が球体で先が広がった細長いラッパのような形の高さ1ヤード（90センチメートル）のグラスで、3英パイント（イギリスでは1パイント＝568ミリリットル）のビールを一気に飲み干すというものだ。こんな形のグラスが使われるようになったのは、17世紀のイギリスに起源がある。なるほどとうならせる説明によれば、駅馬車の御者が短時間だけ止まって席を立たずに急いで喉を潤すために、旅宿ではエールを満たしたこの長いグラスを窓から御者に手渡したという。

ドイツでは、ヤードオブエールと似た習慣に共同体的な意義を持たせている。それはシュティーフェルトリンケン（Stiefeltrinken）という儀式で、この言葉は「ブーツ・ドリンキング」という意味だ。テーブルを囲んだ人々が1リットルから2リットルのビールが入ったブーツ型のグラスを回していく。受け取った人はグラスを持ちあげて豪快に飲み、次の人に渡す。ビールがブーツの「足首」あたりまで減ると、グラスを傾けたときにブーツに空気が入り、うっかりすると顔にビールを浴びる羽目になる。空気が入ったらすぐにブーツのつま先を下げ、ブーツのへりから口を離さずにいるのがコツだ。最後にビールをこぼしてしまった人が、次のブーツグラスのビールを買うことになっている。

◉ビアグラス

ガラスの製造技術は紀元前7世紀からすでに知られていたが、ガラス器の大量生産は、実際にはようやく産業革命とともに始まった。だからビールを飲む歴史に比べて、ビールをグラスで飲む習慣は――ヤードグラスだろうとブーツグラスだろうと――比較的現代に始まっている。もちろん、漏れさえしなければどんな器に入れてもビールは飲めると思うだろうが、それは素人考えで、とんでもない間違いだ。

イギリス人が他の国々のビール愛好家と一線を画しているのは、現在でも英国式液量を使い続けている点で、パイントグラス（1英パイントは1・2米パイント／568ミリリットル）やハーフパイントグラスが今も当たり前に使われている。もっとも、最近では3分の1パイントグラスを作っているバーもある。これは若くて好奇心旺盛なお客にいろいろなクラフトビールを試してもらうための方法で、銘柄やスタイルの違う3種類のビールを3分の1パイントずつ注文できる「フライト」という飲み方でサービスしているのだろう。

この「フライト」という飲み方はアメリカでも流行しているが、外国にいるイギリス人にはややまぎらわしい。というのは、1米パイントは473ミリリットル、つまり0・8英パイントと定

典型的なパイントグラス。このグラスでビールを飲むのがイギリスの伝統。

トビー・ジャグ（左）とドイツ土産として人気があるタンカード。陶器製のトビー・ジャグは1760年代にイギリスのスタッフォードシャー州で作られはじめた。この名前の由来にはいくつかの説があり、シェークスピアの『十二夜』に登場する酔っ払いのトビー・ベルフにちなんでつけられたとも言われている。

伝統的なドイツのビアシュタイン

義されているからだ。伝統的に、パイントグラスには「ストレート」［側面にくびれのないまっすぐなグラス］と「タンカード」［取っ手つきのジョッキ］と呼ばれるふたつの形がある。スコットランドや北イングランドのビール愛好家は、タンカードは女々しい南部の入れ物で、「男らしい」グラスではないとしばしば見下している。

ドイツで昔から有名なのは1リットル入りのシュタイン［蓋つきの陶器製ビアジョッキ］だ。本来は陶器製だったが、現在ではガラス製のものが使われている。しかし、シュタインは今ではもっぱら観光客に人気のビアガーデンやビアホールで使われるだけになっている。また、ドイツ・ビールの中心地バイエルンを訪れた記念にシュタインをお土産にする観光客も多い。

一般的に、ドイツ人とベルギー人はたいていの国の人々に比べて、飲むビールのスタイルに合わせたグラス選びを重視する。実際、ドイツの都市ケルンでは、ケルシュ――ケルシュは法律によってケルン地域以外では醸造できないと定められている――は細長い円筒形の0・2リットル入りグラスに入れて、10℃前後で出される。このグラスはシュタンゲ（stange）、つまり「棒」と呼ばれている。

ベルギーのバーでは、ボック、ファロ、グーズ、ランビックはビールの色がよく見えて、炭酸が抜けるのを防ぐフルート型のグラスに入れて出される。一方、色の濃いエールやデュベル、トリペルのエールには、ゴブレット［脚つきのグラス］を使う。そうするとビールの泡が長持ちし、飲み口が広いので、たっぷりと口に含んで味わえるからだ。ピルスナーとヴィットビールは、背の高い先細の「ピルスナー」グラスで飲むと、透明感と泡立ちを楽しめるし、泡持ちもよい。

ほかにもいろいろあるが、大切なのは、ビールに適切なグラスを合わせるのはビールをもっとおいしく飲むためで、単なる気まぐれや気どりではないということだ。ビール愛好家にとってはうれしいことに、特にアメリカでは、ビールのスタイルに合わせたグラスを使う意味がわかっている店が増えてきている。

ベルギーのビアグラスにはさまざまなスタイルがある。

フィンセント・ファン・ゴッホ「カフェ・タンブランの女」。1887年。

◉ビールと一緒に何を食べるか

多くの人が経験から知っているように、ビールは食欲を増進させる。しかし何世紀もの間、ビールは「貧者の飲みもの」であり、ただ喉の渇きをいやすための日常的なアルコール飲料とみなされてきた。ワインは良質な食事のパートナーとして長く格調高い歴史があるが、高級料理にビールを合わせてもいいという考えが多くの国で受け入れられるようになったのは、ごく最近のことだ。同時に、食事に合わせる飲みものの候補として、ウイスキーも浮上してきた。食事と飲みものの意外な組み合わせが、多くの人に受け入れられるようになってきたからだ。

大昔からビールは主要な日々の糧――パンとチーズ――とともに飲まれてきたので、食事をしながらビールを飲むのはごく当たり前になっている。ビールはどんな食べものとも合う。豚の皮を油で揚げたスナックのポークスクラッチング（またはポークラインズ）やチーズ・アンド・オニオン（ポテトチップの商品名）はもちろん、フルコースの豪華なディナーでも大丈夫。そして「高級料理」とは、高価で仰々しい食事という意味ではなく、ていねいに調理されたその土地ならではの食べもののことだ――最上のビールがまさにそうであるように。

伝統的なドイツのブランチは、小麦ビールとソーセージ（ヴァイスビールとヴァイスブルスト）。ビールを大事にする伝統のある国では、さまざまな食べものとビールを組み合わせる長い歴史がある。その最たるものはベルギーとドイツだ。しかしその他の国々もどんどん進歩している。ビール

どんな料理にも、合うビールはほぼかならずある。

専用メニューやビールのソムリエさえ、イギリス中のレストランでますますよく見かけるようになった。

クラフトビール醸造所がさまざまなスタイルのビールを造るようになり、創造性豊かなコックやシェフ、メニュー開発者に幅広い選択の余地が生まれるにつれて、ビールと食事を組み合わせる技《わざ》が磨かれてきた。実際、原料の多様性のおかげで、ビールにはワイン以上に幅広い味と香りの可能性が広がっているし、ビール醸造と料理には、ワイン造りと料理よりもはるかに共通点が多い。ビールにはボディのしっかりした甘く芳醇で麦芽の風味が強いものから、苦みとホップの香りの効いたボディの軽いものまであり、その間にはさまざまな種類がある。

ビールに料理を合わせるときは、まずまず常識的と言えるいくつかの点を心に留めておく必要がある。ひとつは、お互いの持ち味を殺さないこと。軽いボディのあっさりした夏のエールは、濃厚でしっかり

ベルギーのビール料理

ベルギー人はビールと料理の組み合わせを非常に大事にするので、「ビール料理（Cuisine de la biére）」という特別な言葉が生まれたほどだ。ビール料理とはビールと料理の組み合わせと、ビールを使った料理の両方を意味している。いろいろなスタイルのベルギー・ビールとそれに合う料理の組み合わせをいくつかあげておこう

ビール	料理
ブロンドまたは ゴールデン・エール	スパイシーチキン
ホワイトビール （ビエール・ブランシュ）	タルティフレット （ポテトのチーズグラタン）
レッド・エール	ガーリック風味の 七面鳥ソーセージ
ランビック	ローズマリー風味の ローストチキン
クリーク*	ストロベリー またはチェリーチーズケーキ
グーズ	セルズ
ブラウンビール	ペッパーステーキ

*ランビックにサクランボを漬けこんだもの

した味つけの料理に合わせると、いわばかき消されてしまう。反対に、麦芽風味の効いた力強い冬のエールは、洗練された控えめな味つけの料理から微妙な味わいをすっかり奪ってしまうだろう。

鶏肉、魚、サラダやパスタは、淡い色のドイツのラガーやブロンドエール、またはウィート・エール［小麦麦芽を使用して造る軽くてドライなビール］と絶妙の組み合わせだが、絹のように滑らかな舌触りとスモーキーな風味のあるスタウトは、スモークサーモンのクリーミーな味わいとのバランスがいい。アイルランドのドライ・スタウトと牡蠣は、ありきたりな白ワインと合わせるよりも

理想的な取り合わせだ。秋になったらぜひアイルランド西部の町ゴールウェイで開かれる国際オイスター・アンド・シーフード・フェスティバルに出かけて、この選び抜かれた理想の組み合わせを本格的な形で味わってみてほしい。

炭酸ガス含有量が多めのビールは、こってりした料理との相性が抜群で、口の中をさっぱりさせる効果がある。一方、甘くて麦芽風味の効いたエールは、はっきりした塩気のある料理の味を和らげてくれる。たとえば炭酸ガスを多く含んだフルーティなベルギー産ヴィットビールは、油っこいサケやイワシなどの魚料理にうってつけだ。

これらは対照的な味の組み合わせの効果だが、似かよった風味の取り合わせが相乗効果を生む場合もある。昔ながらのエールやスタウトのカラメルの香りは、オーブンや直火で焼いた豚肉や牛肉のかぐわしい香りに非常によく似ている。インディア・ペール・エールはカレーのようなスパイシーな料理やメキシコ料理によく合う。スタウトはローストした麦芽を使って造るので、バーベキューにした肉から漂う炭の香りとベストマッチ。イギリスのビタービールはクラシックなプラウマンズランチ［パン、チーズ、ハム、ピクルス、ゆで卵などを1皿に盛りつけた料理。プラウマンは農夫という意味］の味をひきたてる。

芳醇な味と香りを持つ強いビールは、数々のデザートの強烈な甘さにぴったりだ。スタウトはチョコレートととびきり相性がいい。クレーム・ブリュレ［カスタードの表面に砂糖を焦がしたカラメルが乗ったデザート］には、ぜひバーレーワインを試してほしい。このビールの甘くほろ苦い香りがデザートの甘さを際立たせるが、コントラストが強すぎるということはない。しかし、コース料理の最後にはコントラストが効果を生む場合もある。チーズケーキとインディア・ペール・エールは対照の妙が楽しめる。色の濃いベルギー・ビールやバーレーワインは、上質なミルクチョコレートのベストパートナーだ。

チーズ盛り合わせにはビールが本領を発揮する。ビールと一緒に試したいさまざまな種類や特徴を持ったチーズが数多くあるので、組み合わせの可能性はそれこそ無限だ。

チェダー、グリュイエール、ゴーダなど、牛乳から作られるフルーティで塩気のあるハードチーズには、インディア・ペール・エールか、さわやかなピルスナーが最高の組み合わせだ。一見ありえなさそうで、実は効果的な組み合わせとして、豊かな麦芽とフルーツの香りを持つバーレーワインのように、チーズの特徴によく似たものを選ぶのもいい。また、バーレーワインの甘さはチーズの塩気と絶妙なコントラストを醸しだす。小麦ビールは、ブリーチーズやカマンベールのように牛乳から作られた柔らかいチーズに合わせるといい。これらのチーズにはブラウン・エールもぴったりだ。

食事の締めくくりにコニャックやシングルモルト・スコッチウイスキーに手を伸ばす必要はない。ベルギーのトリペル、樽熟成ビール、あるいは「インペリアル」や「ダブル」と称されるビールがあれば、高級葉巻やコーヒー、そして気のきいた会話を心ゆくまで楽しめるだろう。

もちろん、ビールと一皿一皿の料理の完全な調和を目指さなくてもいい。ビールと料理の組み合わせについて、まずは大まかな感覚を手さぐりでつかんでみよう。どんなビールと料理が合うだろうか。合わないのはどれだろうか。気後れせずに試してみよう。そしてなにより、楽しむことだ！ビールと料理を組み合わせて出してくれるガストロパブ［高級なビールと料理を出すバー兼レストラン］やレストランに足を運んでみるのはいい経験になる。純粋に楽しみながら、あなたが開くディナーパーティーで使えるアイデアや、ビールと料理の気軽な組み合わせを探してみよう。

第7章◉ビールと文化

ビールが世界中の人々の生活に果たしてきた長く重要な役割を考えれば、ビール愛好家がそれぞれの時代に手に入るあらゆる文化的媒体を使って、ビールの存在意義を記録し、記念し、永遠に記憶にとどめようとしてきたのも驚くにはあたらない。ビールをテーマにした歌はたくさんあるし、文学作品の中にもビールに関する記述は多い。20世紀には映画やテレビにもビールが登場するようになった。また、ビールは今や世界の広告業界の一大勢力であり、文化やスポーツのスポンサーとしても大きな力を発揮している。

◉文学作品の中のビール

執筆と飲酒はきわめて親密な間柄だという一般的なイメージがあり、その見方にはそれなりの根拠があるとすれば、ビールが多くの作家の生活と作品の一部になっているのは意外ではない。

ウィリアム・シェークスピアはエリザベス朝の居酒屋に足しげく通い、エールに親しんでいた。エールはシェークスピアの数々の戯曲の中に登場している。『冬物語』(1601~11年頃)の中で、オートリカスという登場人物は「1クォートのエールは王様の晩餐と同じ」と宣言しているし、『ヘンリー5世』では少年が、「1杯のエールと安全のためなら名誉なんかくれてやる」と言う。

シェークスピアの時代には、劇場ではどこでもエールを売っていた。1613年に最初のグローブ座が火事で焼失したときは、『ヘンリー8世』の上演中に大砲から出た火花が劇場の茅葺き屋根に燃え移り、火を消す手立てとしてエールが使われたと伝えられている。それならロンドンのバンクサイドに再建されたグローブ座で、特別あつらえの3種類のビールを売っているのはもっともだ。その3種類のビールは、グローブ・スタウト、グローブ・エール、グローブ・ブロンドという。

シェークスピアの君主であるエリザベス1世もまた、熱心なエール愛好家で、この時代には水のほうがよほど危険な飲みものだったため、エールが日常的に飲まれていた。女王陛下は宮廷のあらゆる男性よりも酒に強く、陛下お気に入りの朝食はパンとエールだった。女王がハットフィールドハウスでレスター伯ロバート・ダドリーをもてなしたとき、出されたエールが女王陛下を満足させる強さではなかったため、「私たちはロンドンに使いをやらなければならなかった(中略)女王陛下のビールは非常に強く、それを飲める男はいなかった」と記録されている。

ビールに関係のあるイギリス文学の最高傑作のひとつは、A・E・ハウスマンによる詩集『シュロップシャーの若者』（１８９６年）だ。最後の2行が文脈とは無関係にスコッチウイスキーと関係づけられてよく引用されるが。全体的に見れば、ハウスマンがどの飲みものを念頭に置いているかは疑問の余地がない。

ホップ畑はなんのためにあり、
バートンはなぜトレントに建設されたのだろう?
おお、イングランドの多くの同胞が、
ミューズよりもさわやかな酒を造る。
麦芽はミルトンよりも巧みに、
神が人になした御業の正しさを示す。

アイリッシュ海の対岸では、ビール、特にポーターとスタウトが、アイルランド文学の中で重要な位置を占めている。フラン・オブライエン（本名ブライアン・オノーラン）は、ブレンダン・ビーハンやパトリック・カヴァナーらとともに、アイルランドの酒好きな作家世代のひとりだ。オブライエンの『スイム・トゥ・バーズにて *At Swim-Two-Birds*』（１９３９年）では、登場人物のひとりが「労働者の友」という詩の中で次のように語っている。

なにもかもうまくいかず、希望もないとき、
できるだけのことはしたのに、
人生が真夜中のように真っ暗なとき、
1パイントの黒ビールだけがお前の仲間だ。

最後の1行は、1パイントのスタウトが悩みをすべて解決してくれるという意味だ。激しい競争をくぐりぬけて、ブレンダン・ビーハンはアイルランドの酒好き作家の帝王として名乗りをあげている。実際、ビーハンが「執筆問題を抱えた飲酒家」と自称しているのは有名だ。政治活動家、劇作家、そしてエッセイストでもあるビーハンは、ポーターやスタウトを楽しむことにかけては同時代の仲間にひけをとらないどころか、はるかに凌駕している。ビーハンは『ブレンダン・ビーハンの島 *Brendan Behan's Island*』(1962年)の中で、最近はポーターの消費量が減少していると嘆き、昔は「ポーターの質がよかったから、ポーターを入れたグラスがバーのカウンターにくっついたものだ」と述べている。

ジェームズ・ジョイスは常習的にポーターを愛飲していたが、ジョイスの代表作『ユリシーズ』(1918~20年)に登場するレオポルド・ブルームが飲むのはブルゴーニュワインだ。この小説は1904年6月16日の1日を描いたもので、アイルランド各地では毎年6月16日をブルームズデイとして、物語に展開する架空の出来事を演じ、ブルゴーニュワインで記念日を祝っている。最

初のブルームズデイは、タイミングよく物語の出来事の50周年を記念して1954年に開かれた。フラン・オブライエンとパトリック・カヴァナーがダブリンの「ユリシーズ・ルート」をたどる行列の中心にいたが、参加者の多くが酔っぱらってしまい、行程の半分ほど行ったあたりで行列は中止された。

ウェールズの詩人ディラン・トマスはビールを愛するケルト人で、アルコール度数の低いエールを何杯もバーに並べ、それを迎え酒として続けざまに飲むのがたいそう気にいっていた。もっともよく知られた戯曲『ミルクの森で』（1954年）〔国文社『ディラン・トマス全集4』所収 松田幸雄・松浦直巳訳〕の中で、登場人物のチェリー・オーウェンは、毎晩のように「炭酸ガスが少なく、ぬるい、薄いウェールズ産のビタービールを17パイント」飲んでいる。トマスは妻ケイトリンに宛てた手紙に、「僕はビール以外のものを飲んだら生きていけないだろう」と書いている。ニューヨークで亡くなる直前に、トマスは宿泊していたホテル・チェルシーに戻り、「僕はウイスキーをストレートで18杯も飲んだ。これは最高記録だと思う」と告げたと言われている。トマスはたぶん、ビール以外飲むべきではなかったのだろう。

詩人のロバート・バーンズは、スコットランドの国民的飲みものであるウイスキーをこよなく愛し、ウイスキーの長所を熱心に説いたことで知られているが、エールも飲んだし、エールを題材にした作品も残している。1789年の詩『ウィリーがモルト酒五升造りゃ』では、大勢でエールを飲む楽しさを歌っている。

それ、ウィリーがモルト酒五升造りゃ、
ロブとアレンがたかりにくるさ。
夜長を楽しむ、陽気な三人、
キリストのお国じゃ、こんなやつらを拝めまい。

コーラス
酔っちゃあねえよ、まだ酔っちゃねえ、
ほんのちょっぴり赤目なだけさ。
鶏鳴こうが、夜が明けようが、腰すえ飲むべえ、ウイ、ウイ、ウイスキー。
［『ロバート・バーンズ詩集』ロバート・バーンズ研究会編訳 国文社 2009年］

一方、主人公と同名のタイトルの物語詩『シャンタのタム』（1790年）では、スコットランドのエアシャーに住む農夫、シャンタのタムが、長い市《いち》の日の夜にエアの町の居酒屋で、飲み友達の靴屋のジョニーと過ごしている。ふたりは「酒（強いエール）を飲んでは／なんともたのしい酔い心地」になっている。（前掲書）
大西洋の向こうのアメリカでも、イギリスやアイルランドの同業者と同じくらいの熱意をこめて作家はビールを愛してきた。エドガー・アラン・ポーは1848年7月に、ビールをテーマに『エールに捧げる詩 *Lines on Ale*』と題するしゃれた短い詩を書いた。

クリーム色と琥珀色の混じった液体で満たし、
そのグラスをもう一度空にする。
そんな陽気な場面が浮かぶ。
私の頭の小部屋を通って。
奇妙な考え――風変わりな空想が、
生まれては消える。
どれほど時間がたとうとかまうものか。
今日はエールを飲んでいるのだから。

ポーから1世紀のち、アメリカのチャールズ・ブコウスキーは、アイルランドのブレンダン・ビーハンと同じ熱心さで飲酒と執筆に取り組んだ。人並み以上の飲酒量を誇る酒飲みだっただけに、ビールは当然ブコウスキーの数々の小説や詩に登場する。詩集『愛は地獄の犬 *Love is a Dog from Hell*』（1974～77年）には、簡潔に「ビール」と題された詩が収められている。その冒頭の部分を見てみよう。

人生がうまくいくのを待ちながら
もう何本ビールを飲んだだろう。
どれだけワインやウイスキーを飲んだだろう。
それにビール
特にビール
女たちと別れたあとで……

映画『バーフライ』（バーベット・シュローダー監督　ミッキー・ローク主演　１９８７年）は、酒に酔いしれるブコウスキーの人生を輝かしく描いたフィクションだ。

●映画の中のビール

一般的に作家は酒好きで知られているが、俳優もほとんどひけを取らないに違いない。有名な名前を挙げるだけでも、リチャード・バートン、ピーター・オトゥール、リチャード・ハリスの名優３人が思い浮かぶ。文学作品と同様に、ビールは数多くの名作映画に登場している。ジェームズ・ボンド映画の『００７　スカイフォール』（サム・メンデス監督　２０１２年）では、００７がいつものマティーニに代えてハイネケンを飲む姿が物議をかもした（本章の「ビールとスポンサー」を参照）。

おそらく、ビールがテーマの「古典的」映画の中でもっともよく知られているのは、『アイス・コールド・イン・アレクサンドリア *Ice Cold in Alex*』（J・リー・トンプソン監督 1958年）だろう。この映画では、ジョン・ミルズが第2次世界大戦中に北アフリカの砂漠を越えようとする傷病兵運搬車の将校を演じている。アンソン大尉（ジョン・ミルズ）は酒好きで、一同が無事にアレクサンドリアに着いたら冷たいビールを一杯やるのを夢見ている。

最後の場面でアンソンの夢はようやくかなえられる。迫真の演技をするために、エルストリースタジオでこのシーンを撮るときは本物のラガーを使う必要があり、ジョン・ミルズは撮影の間に何杯も飲まなければならなかった。使用されたラガーの銘柄はカールスバーグで、これはデンマーク製のビールだから都合がよかった。戦争映画でミルズと部下がドイツ製のラガーを飲む姿を見せるわけにはいかなかったし、映画の原作小説で指定されていた銘柄のラインゴールドは、ゲルマン語の響きがあまりに強すぎるからだ。

バート・レイノルズが主演したアクション満載の映画『トランザム7000』（ハル・ニーダム監督 1977年）は「古典的」映画とは言えないが、ビールが物語の核心になっている。ボウ・〝バンディット〟・ダーヴィル（レイノルズ）は富豪のビッグ・イーノス・バーデットに仕事を依頼される。トレーラーに400ケースのクアーズを積んで、テキサス州のテクサーカナからジョージア州まで運んでほしいというのだ。こうして「スモーキー」と呼ばれるハイウェイ・パトロールから逃げながら、28時間で1800マイル（およそ3000キロ）を駆け抜ける旅が始まる。

物語の中では、クアーズはミシシッピ川以西の限られた州でのみ販売され、それまでに数え切れないほどのトラッカー（トラック運転手）がクアーズをジョージアに持ち込もうとして逮捕されたという前置きがある。本質的に、この映画は延々と続くカーチェースの形をとっているが、トラックの走行距離には創作上の誇張がある。実際に走破する距離は1800マイルよりかなり短いし、そもそもテクサーカナがある郡は「ドライ」［禁酒法が施行された地域］だった！

『ビール *Beer*』（パトリック・ケリー監督 1985年）ほど明快に主題の宣伝をしている映画はない。このコメディ映画は広告業界への風刺で、広告会社の幹部社員B・D・タッカー（ロレッタ・スウィット）はノルベッカー・ブルワリーの契約を打ち切られるのではないかと気をもんでいる。契約を続けるために、タッカーはバーに強盗に入ってうっかり失敗した3人の「凡人」の手を借り、彼らを主役にキャンペーン広告を打つ。宣伝は大成功だったが、ノルベッカー・ブルワリーを満足させておくために、タッカーはさらに差別的で悪趣味な宣伝を考案しなくてはならない。ついには「ノルベッカーを引っこ抜け《ホイップ・アウト》」というキャッチコピーまで飛び出す始末だった［ホイップ・アウトには性器を露出するという意味がある］。

最後に、フィクションではなく事実の記録をひとつ。『アメリカのビール *American Beer*』はポール・カーミジアンが監督し、2002年に製作されたドキュメンタリーで、5人の友人がニューヨークを出発して40日間に38か所の醸造所を訪ねる姿を追ったものだ。完成した映画は製作者によって「ボックメンタリー」と呼ばれている［ボックはドイツ産のラガー・ビールの名称］。

◉音楽の中のビール

ビール、そしてビールを飲むことが最初に歌に登場した時代は、バラッド［物語詩に曲がついた歌曲］の形をとることが多かった。1553年頃に書かれたチューダー朝の喜劇『ガートンばあさんの縫い針 *Gammer Gurton's Needle*』には、「霜も雪も風も／私を傷つけることなんかできやしない／私は包まれ、しっかり抱かれているのだもの／昔ながらのすてきなエールに」という一節がある。

もっともよく知られたビールのバラッドは「ジョン・バーレーコーン」だ。タイトルと同名の主人公は大麦の擬人化で、大麦から造られるビールやウイスキーを表している。このバラッドでジョン・バーレーコーンはさまざまな苦しみを味わい、最後には死んでしまうのだが、これは大麦栽培のさまざまな段階、たとえば収穫や発芽を意味している。最終的にバーレーコーンは死ぬとしても、それによって生活に喜びを与えるアルコールを生み出し、他者の幸せに貢献するのである。

「ジョン・バーレーコーン」を歌った詩の中では、ロバート・バーンズが1782年に書いた作品がもっとも有名だが、それ以前にも何種類かの詩が作られている。英語で書かれたある詩の冒頭を見てみよう。

西から3人の男がやってきた。
運試しをもくろんで。
3人はおごそかに誓った。
ジョン・バーレーコーンは死なねばならぬと。
3人は耕し、種をまき、彼を鋤き込み、
頭の上から土をかけた。
3人はおごそかに宣言した。
ジョン・バーレーコーンは死んだと。

ビールを飲むことを歌ったもっと現代に近い歌の中で一番よく知られているのは、おそらく「ザ・ドリンキング・ソング *The Drinking Song*」だろう。これはブロードウェイ・オペレッタ『学生王子 *The Student Prince*』（1924年）の中の一曲だ。このオペレッタは1954年に映画化され、皇太子カール・フランツをエドマンド・パードムが演じた。ただし歌の部分はすべてマリオ・ランツァが吹き替えている。この映画では、ハイデルベルク大学の学生に人気の宿屋を舞台に、「ザ・ドリンキング・ソング」が歌われる。この歌は「アイン、ツヴァイ、ドライ、フィーア／ジョッキを掲げてビールを飲み干せ」という詞で始まる。この舞台は1920年代にブロードウェイで初

「苦いビール」という曲の楽譜。歌手のT・マクラガンの肖像が表紙を飾る。1864年。

演され、酒に飢えていた禁酒法時代の観客に熱狂的に迎えられた。

もちろんポップ・ミュージックの分野、とりわけブルースやカントリー・ミュージックにもビールを歌った曲がある。そしてそれらは必ずしもたくましい男が主人公とは限らない。テネシー生まれのブルース歌手メンフィス・スリムは「ビールを飲む女 *Beer Drinking Woman*」を録音している。歌の冒頭に述べられているとおり、この歌は1940年のシカゴのルビンズ・タバーンが舞台で、45ドルを持って「女の子にいい思いをさせてやろうと」居酒屋に入った彼が、店を出るときにはたった10セントしか残っていなかったという歌だ。

カントリー・ミュージックには伝説的な酒好きの演奏家がいる。たとえばジョージ・ジョーンズは、自分ではアルコール度数の高いハードリカーを好んで飲んでいたが、「ビア・ラン」という曲をレコーディングしている。この曲は、ビールを買うために郡境まで時速90マイル（約150キロ）でトラックを飛ばしていくという、挑発的な歌だ。

「ベスト・カントリー・ドリンキング・ソングス *Best Ever Country Drinking Songs*」と銘打った2枚組CDさえ発売されている（同様に、オーストラリアでは「オーストラリアのベスト・ビール・バラッド *Australia's Best Beer Ballads*」という2枚組CDが売りだされている）。「ベスト・カントリー・ドリンキング・ソングス」にはトム・T・ホールの「アイ・ライク・ビール *I Like Beer*」や、おそらく最高のカントリー・ビール・ソングであるグレン・サットンの「なにがミルウォーキーを有名にしたか *What Made Milwaukee Famous?*」が収録されている。

ロックの世界でもワイルドな部類に入るフランク・ザッパは、アルバム『ザッパ・イン・ニューヨーク *Zappa in New York*』(1978年)に「オッパイとビール *Titties and Beer*」という曲を収録している。「ビールと航空会社がなければ本物の国家じゃない。サッカーチームや核兵器はないよりましだが、少なくともビールは絶対必要だ」というよく引用される発言をしたのもザッパだ。

ドイツ音楽の伝統には、当然古代にも現代にもビール・ソングがあり、そのうち多くが毎年ミュンヘンで開かれるオクトーバーフェストで歌われる。録音されたものとしては、オクトーバーフェスト・ブラスバンドの演奏による「トゥエンティ・ドイツ・ドリンキング・ソングス *20 German Drinking Songs*」のほか、なんと10枚組の「ドイツ・ビール・ドリンキング・ミュージック *German Beer Drinking Music*」も発売されている!

●ビールと世界の指導者たち

世界の偉大な政治家の多くが、ビールが人生に与えるすぐれた効能を理解していた。たとえばビクトリア女王はクラレット［ボルドー産の赤ワイン］にウイスキーを入れて飲む習慣があり、「国民によいビール、安いビールをたっぷり与えなさい。そうすれば革命など起こらないでしょう」と断言したという。

一方ドイツでは、ビクトリア女王の孫にあたる皇帝ヴィルヘルム2世が、「ビールを愛する女を余に与えよ。そうすれば余は世界を征服するであろう」と宣言した。おそらくそういう女性が見つかったのだろう。なぜならヴィルヘルム2世はまさに世界征服に乗り出したからだ。

ベンジャミン・フランクリンは、「ビールは神がわれわれを愛し、幸せを願っておられる証だ」と信じていたし、エイブラハム・リンカーンは次のように述べた。「私は国民を深く信じている。真実を知らされれば、彼らはかならず国家の危機に立ち向かうだろう。大切なのは国民に本当の事実と、ビールをもたらすことだ」

●ビールと広告

現代では広告といえば印刷物やテレビコマーシャル、そしてオンライン・メディアを思い浮かべがちだが、数世紀前の居酒屋や旅宿は、エールを売っていることを示すためにパブの正面に常緑樹の枝を束ねたものを掲げて商品を宣伝した。時がたつにつれて、本物の木の枝に代わって看板がかけられるようになったが、字の読めない者にもその店でエールを飲めることがわかるように、看板には常緑灌木を図案化したものが描かれた。こうして、居酒屋に屋号をつけること、そしてその屋号を看板に描く習わしは中世から発展した。

イギリス各地で今も一般的に使われているパブの屋号の多くには、歴史的な起源がある。たとえば「ザ・ブル（牡牛）」という名前のパブは、単に牧畜とのかかわりを示しているように見える。

パブの屋号によく使われる「ゴールデン・ライオン」。ライオンの紋章にも歴史的な意味がある。

しかし実際には、昔の旅宿の主人がカトリックへの忠誠を示すためにつけた屋号かもしれない。というのは、ヘンリー8世（1491〜1547年）が1533年に最初の妻キャサリン・オブ・アラゴンとの婚姻無効を宣言してカトリック信仰を拒否したのち、宗教改革の最中に教皇の大勅書《ブル》によってヘンリーの破門が宣告されたからだ。旅宿に「ザ・ブル」という屋号をつけたのは、おそらくローマ教皇との連帯を示すサインだろう。

パブの屋号に多い「ザ・キャット・アンド・フィドル（猫とバイオリン）」にも同じ由来がある。この名前の起源に関する説得力のある説明によれば、これは「カトリーヌ・ラ・フィデル」すなわち「キャサリン・ザ・フェイスフル（信心深いキャサリン）」が形を変えたものだという。それはヘンリー8世の最初の妻、そしてカトリック教徒にとっては真のイギリス王妃にしばしば捧げられる通称だ。「ザ・ブル」と同様に、「ザ・キャット・アンド・フィドル」という居酒屋の屋号は、キャサリン王妃とカトリック教会への支持を表していると解釈できる。

「トルコ人の頭」や「サラセン人の頭」は、1095年から1291年にかけてたびたび派遣された十字軍遠征でキリスト教徒の騎士が持ち帰った、ぞっとするような戦勝記念品に由来するのだろう。しかし、海辺に近い旅宿に「トルコ人の頭」という名前がついている場合は、実際にはイギリス南部と西部の海岸で漁師が網を作るときの結び目を指しているのかもしれない。その結び方はターバンの形に似ているので、「トルコ人の頭」と呼ばれている。

「3つの蹄鉄」は、もともと蹄鉄工の鍛冶場に近い旅宿を示していたのかもしれない。蹄鉄は本来4つあるはずだから、「3つの蹄鉄」という屋号は、失くした蹄鉄をその旅宿で取りつけられるという意味だ。また、蹄鉄は幸運の印でもある。魔物はどういうわけか鉄を恐れると考えられており、鉄製の蹄鉄は手に入れやすく、魔物の侵入を防ぐためにドアにかけておくのにちょうどよかったからだろう。

「ザ・チェッカーズ」は、たぶんチェッカー盤［チェッカーというゲームをするための盤］が金貸しのシンボルとして一般に使われていた頃の名残だ。居酒屋ほど金貸しが商売をするのにふさわしい場所はないだろう。パブの屋号の中には、起源が実にわかりやすいものもある。たとえば「雄鶏」という名のパブは、闘鶏が1835年にイングランドとウェールズで禁止されるまで、その店の闘鶏場で闘鶏が行なわれていたという事実に由来するに違いない。

このようにして居酒屋は店の特色をお客に伝えていたが、ビールの銘柄の宣伝が盛んに行なわれるようになったのは、19世紀半ばになってからだ。印刷技術の発達とともに、人目を引く色鮮やかなポスターが作られるようになり、ヨーロッパとアメリカで盛んに使われるようになった。

イギリスではイラストレーターのジョン・ギルロイがギネスと契約し、広告デザインの最高傑作と目される作品の数々を発表した。ギルロイのデザインした鳥のオオハシのイラスト［本書84ページ］や、「ギネスは体にいい」というキャッチフレーズは特に有名だが、現在では商品表示法の規制と、酒の飲みすぎが体に与える影響への懸念が高まったために、このキャッチフレーズは使えなくなっている。しかし、あらゆるビールの広告主の中で、ギネスは相変わらず最高にクリエイティブだ。

ビールが体にいいと主張することはもはやできないが、同様に「ミルクスタウト」という言葉も使えなくなった。「ミルクスタウト」と呼ばれるスタウトは、実際にミルクを含んでいるわけではなく、乳糖、すなわちラクトースを加えて造られるからだ。しかし、ミルクスタウトの醸造会社としておそらくもっとも有名なマッキッソンが1907年にこのビールを売り出したときは、ラベルに大型ミルク容器を描いてもなんの問題もなかった。また、いくつかの競合製品は牛の図案を使っていた。マッキソンはビールの明らかな健康増進効果をうたったギネスに追随し、「見てよし、味わってよし、そしてなにより健康によし」というキャッチフレーズまで使用した。

アメリカでは1896年にアドルファス・ブッシュが「カスター最後の戦い」と題する絵「1876年にアメリカ陸軍のカスター隊が先住民族と戦って全滅した戦いを描いている」を使ったバドワイザーの宣伝ポスターが有名だ。このポスターでは、元からあった絵に、効果を高めるためにインディアンの皮はぎナイフが描き加えられている。

バドワイザーのライバルであるミラーは、ミラー・ライトのイメージを、ダイエットに関心のある女性向けの低カロリービールから男性が大量に飲めるビールに作りかえることに成功した。1970年代に印刷媒体やテレビによるキャンペーンで「最高の味、しかも何杯でもいける」というキャッチフレーズを用いて驚くほどの成功を収め、ミラー・ライトの販売量を1970年代に2倍に伸ばし、1992年にアメリカの人気ナンバー1ブランドの座をバドワイザーから奪った。

国境を越えたカナダでは、モルソンが映画館やテレビでモルソン・カナディアン「モルソン社の主力製品であるラガー・ビール」の広告キャンペーンを展開し、カリスマ的な地位を獲得した。「ジョーの熱弁」として知られるこの広告は、チェックのシャツを着た青年がカナダの代表的な風景を映し出すスクリーンの前に立ち、カナダ人としてのアイデンティティを挑発的に訴えるものだ。

この長い「熱弁」はこんなふうに始まる。「やあ！僕は木こりでも毛皮商人でもないし、イグルーには住んでいない。クジラの脂肪は食べないし、犬ぞりも持っていない［これらはアメリカ人がカナダ人に対して持っているステレオタイプなイメージを指している］」。熱弁はいよいよ盛り上がり、「カナダは世界で2番目に広い！ホッケーは1位だ！北アメリカで最高の場所だ！僕の名前はジョー！カナダ人だ！聞いてくれてありがとう」と締めくくられる。この広告の人気はすさまじく、バーではこの宣伝がテレビで流れるとお客がボリュームを上げてくれと頼み、スポーツの試合では観客がこの宣伝に合わせて一字一句間違えずに口ずさむほどだ。

ヨーロッパでは多数の醸造会社がひねりを加えた独創的な広告戦略を採用した。たとえばハイネケンは、「他のビールでは届かない部分をリフレッシュしよう」というキャッチフレーズを長期間使って相当な利益を上げている。一方、同じく有名なカールスバーグのキャッチコピー「おそらく世界最高のラガー」は、1973年にイギリスを代表する広告代理店サーチ＆サーチにより製作され、最初のコマーシャルにはオーソン・ウェルズが声で出演している。

一方ステラ・アルトワは、値段が高いと公言する思い切った戦略を取り、それは品質がいいからだと訴えた。ステラ・アルトワは「価格は品質の証」というキャッチフレーズを採用し、イギリス

ハイネケンの宣伝。ルーマニアのブカレストで。

で次々とテレビCMを流してキャンペーンを行なった。ヨーロッパ映画のスタイルを取り入れたキャンペーンは、フランス映画『愛と宿命の泉』（1986年）を下敷きにした数々の宣伝で始まった。

ステラ・アルトワが洗練されたヨーロッパ趣味とブランドを結びつけようとしたならば、オーストラリアのフォスターが1970年から現在まで続けているラガーの宣伝は、ステラ・アルトワとはほとんど正反対の態度でオーストラリア文化を扱っている。カンガルーやコルクがぶら下がった帽子［ハエよけのためにつばにコルクが結びつけてある］など、誇張されたステレオタイプなオーストラリア人のイメージとともに、「琥珀色の神酒《アンバー・ネクター》」「本物のオーストラリア・ビール」というキャッチフレーズが使われている。

俳優のバリー・ハンフリーズと彼が演じる粗野なバッザ・マッケンジーというキャラクターは、1970年代のイギリスでほとんど一夜にしてこのブランドを有名にし、その後の10年間は人気映画『クロコダイル・ダンディ』（1986年）の主演俳優ポール・ホーガンがフォスターの顔として、ずけずけとものを言うロンドン在住のオーストラリア人の役を演じ、フォスターの人気コマーシャルの成功に貢献した。

ユーモアはつねにフォスターのキャンペーンの中心であり、フォスターのイギリスでの成功に触発されて、もうひとつのオーストラリア・ビールの銘柄であるキャッスルメインXXXX（フォーエックス）もイギリスで陽気なテレビCMを開始した。このCMも典型的なオーストラリア人気質を強調している。数年前のカールスバーグがそうだったように、キャッスルメインの宣伝はサーチ&サーチが手がけ、ユーモアと風刺を利かせたCMが作られた。キャッチフレーズは、「オーストラリア人はなにがあってもキャッスルメインXXXXを手放さない」

キャッスルメインXXXXのもっとも当たったコマーシャルでは、数人の羊毛刈り職人がオンボロのピックアップトラックにXXXXを何ケースも積み込んでピクニックの準備をしている場面を描いている。「ご婦人方のために」甘口のシェリーを荷物に2本追加すると、とたんにトラックのサスペンションが折れてしまう。そして仲間のひとりが、「シェリーを積みすぎたようだな」と真顔で言うのがオチだ。

◉ビールとスポンサー

スポンサーとして効果を上げるためには、適切なイベントと商品を結びつける必要がある。ビール会社が昔から労働者階級、または「ブルーカラー」のスポーツと言われるサッカーや野球、ホッケー、そして自動車レースのスポンサーを集中的に務めてきたのは当然といえば当然だ。

販売量と利用できる広告予算から言って、アメリカではバドワイザーがスポンサーとして抜きんでているのは無理もないだろう。このブランドはメジャーリーグの公式ビールスポンサーであり、参加する30チーム中23チームとスポンサー契約を結んでいる。アメリカのスポーツライターの第一人者であるピーター・リッチモンドは、「アメリカの中心にあるゲームはただひとつ。野球だ。そしてアメリカの魂の奥深くに流れている飲みものはただひとつ。ビールだ。（中略）ビールには野球が必要で、野球にはビールが必要だ。――昔からずっとそうだった」と述べている。

バドワイザーはほぼ30年近く、14回のオリンピックと冬季オリンピックを通じてアメリカオリンピック委員会の長期的な公式パートナーでもある。さらに国際サッカー連盟（ＦＩＦＡ）とパートナーシップ契約を結び、２０１４年ＦＩＦＡワールドカップの公式ビールにもなっている。また、イギリスではＦＡカップのスポンサーを務めている。バドワイザーはサッカー関連の活動に25年間かかわり続け、２０１０年の売上は36パーセント以上増加した。これはＦＩＦＡワールドカップとのスポンサー契約の功績が大きい。

ミラー・ライトはアメリカ人ドライバーのカート・ブッシュが乗るダッジのマシンのスポンサーをしていた。

アメリカでは、バドワイザーの強力なライバルであるミラークアーズがNASCARレース［市販車を改造した車両のレース］と継続的な関係を続けている。ミラー・ライトはダッジ・レーシングカーのスポンサーであり、NASCARレースの公式ビールの役割も果たしている。また、いくつもの独立したトラックレース［競技場内を周回する自転車競技］のスポンサーも担っている。

ミラークアーズのメディア・アンド・マーケティング担当副社長であるジャッキー・ウッドワードは、「NASCARレースのスポンサーの立場は重要です。このレースのファンはビール愛好家ですから。スポンサーとして存在すること、しかも長期的に存在することが大切です」と述べている。また、ミラークアーズは2011年にバドワイザーのメーカーであるアンハイザー・ブッシュ社に代わって、北米ホッケーリーグと主要な企業スポンサー契約を結んでいる。

イギリスでは、カーリングというブランドがサッカーのプレミア・リーグやフットボール・リーグのスポンサーだったほか、現在はスコットランド代表チームの公式ビールでもある。ハイネケンはアムステルビールに代わって欧州サッカー連盟（UEFA）チャンピオンズリーグのビールスポンサーとなり、UEFAスーパーカップのスポンサーも務めている。一方、イギリスの競馬界はビール会社とスポンサー契約を通じて長い結びつきがあり、ホイットブレッドはイギリスのスポーツ界初の商業的スポンサーとして、1957年から2001年まで競馬のホイットブレッド・ゴールドカップのスポンサーを務めていた。

同じく競馬のマッキソン・ゴールドカップは1960年に開始され、1995年まで運営されたが、レースが要求するイメージとマッキソンのスタウトが合わなくなってきたためにスポンサー契約は解消された。しかし、同じくスタウトが有名なマーフィーズは1996年から1999年まで障害競馬のナショナル・ハント・レースを支援していた。現在は、ハイネケン傘下のジョン・スミスが、毎年90日を越える平地および障害競走にかかわっている。ジョン・スミスはリバプール郊外のエイントリー競馬場で開催されるグランドナショナル［障害競走］の冠スポンサーを2005年から務めている［ジョン・スミスは2013年にスポンサー契約を打ち切った］。

あまり知られていないが、ABインベブの傘下にあるブレーメンが醸造するベックスは、長年熱心な芸術支援活動を続けており、現在はグリーンボックスプロジェクトのスポンサーをしている。このプロジェクトは「芸術、デザイン、音楽、ファッションの分野で、才能ある個人の活動を奨励し、表彰し、経済的に支援するための国際的基金」だ。これまでに１０００件の個人プロジェクトが資金援助を受け、作品が展示された。ベックスによると、「支援を受けて制作された芸術作品は、世界各地に設置されたグリーンボックスにスマートフォンをかざすと、拡張現実が展開して体感することができ、作品は基金のバーチャル・リアリティ美術館に永遠に展示される」ということだ。

一方、ABインベブが生産するステラ・アルトワは、１９９４年から映画関連事業の支援を続けていることで知られ、カンヌ、メルボルン、サンダンス［アメリカのユタ州の都市］の映画祭のスポンサーとして注目されている。

映画とスポンサー契約について話を続けると、すでに触れたようにハイネケンは映画『００７スカイフォール』の制作会社と４５００万ドルの契約を結び、００７が映画の中で同社のオランダ・スタイルのラガー・ビールを飲み、ジェームズ・ボンドを演じるダニエル・クレイグがハイネケンのテレビＣＭシリーズに出演した。さらに、アメリカでの映画のプレミア上映に先立って、ダニエル・クレイグのシルエットが描かれた限定版の瓶が発売された。ボンドの名と結びつくことで注目度を高めるのがハイネケンの狙いだ。

謝辞

エイミー・ブライス、英国ビール・パブ協会、デービッド・バークハート、トム・カナバン、デービッド・クロス、アンハイザー・ブッシュ・インベブ社のニール・グルアー、シェパード・ニーム社のジョン・ハンフリーズ、フラーズ社のトニー・ジョンソン、ＳＡブレイン社のローラ・オーバートン、ロジャー・プロッツ、ルパート・ポンソンビー、ディアジオ社のイブリン・ロシュ、ローリー・スティールに厚くお礼を申し上げたい。

訳者あとがき

著者のギャビン・D・スミスはスコットランド在住のジャーナリスト・作家で、ウイスキーやビールに関する多数の著書を出版している。本書ではビールの歴史や醸造技術、世界的ビールメーカーの発展や今日の地ビールブーム、世界各国のビールの種類や飲み方、映画や文学作品に登場するビール、そしてビールを使った料理のレシピまで、ビールに関するありとあらゆる知識を、美しい図版とともに紹介している。本書『ビールの歴史』（*Beer: A Global History*）はイギリスの Reaktion Books が刊行している The Edible Series の1冊で、さまざまな食べ物や飲み物の歴史や文化を解説した同シリーズは、料理とワインに関する良書を選定するアンドレ・シモン賞の2010年度特別賞を受賞している。

ビールと聞いて、みなさんは何を思い浮かべるだろうか。日本では、ビールといえば細かい泡が立ちのぼる、透き通った金色の飲み物だろう。「とりあえずビール」とよく言われるが、この言葉は誰にでも好まれて気軽に飲めるビールの性質をよく表わしている。炭酸のはじける軽やかな音と清涼感は、宴会の最初の一杯としておおいに気分を盛り上げてくれるし、暑い夏の一日の終わりに喉の渇きをいやすにはぴったりだ。この気楽さと飲みやすさがビールの魅力なのだが、日本ではビールを注文する場合、メーカーによって選ぶのがせいぜいではないだろうか。どのビールを飲んでも十分おいしいが、味に大きな差や個性がない大量生産の工業品。それが日本でのビールに対する一般的なイメージだと思う。

本書を読むと、そんなビールのイメージは完全に覆される。本書の冒頭で、著者は、「ビールほど、世界中で愛好されている酒はない」と断言する。ブドウが育たない土地ではワインは造れないが、ビールの原料となる穀物はほぼどこでも栽培できたから、ビールは世界中で造られていたからだ。ビールは手ごろな庶民の飲み物であり、水よりも衛生的な飲み物、そして栄養価の高い「液体のパン」として、病人から聖職者までが日常的に飲むことを奨励された、生活の大切な一部だった。

ビールの起源はなんと紀元前1万年までさかのぼるという。狩猟・採集の生活を送っていた遊牧民族が定住して農耕を始めたのも、ビール造りの原料になる穀物を栽培するためだったという説があるようだ。紀元前18世紀頃の有名なハンムラビ法典には、すでに20種類ものビールが記録され、小麦ビール、赤いビール、黒いビールなどについての記述がある。ビールは人類のライフスタイルまで変えたかもしれない、長い伝統と多様性を持った飲み物なのだ。

本書の魅力は、歴史、文化、技術、商業といった多角的な観点からビールをとらえている点だ。どこを読んでも意外な豆知識に満ちており、思わず人に語りたくなってしまう。醸造技術について解説された章を読めば、モルトやホップといった、ビールのＣＭに頻繁に登場する言葉の意味がよくわかる。モルトとは麦芽のことで、ビールは基本的に麦芽、ホップ、水、そして酵母から造られる。ビールの色は麦芽の色の違いで決まり、ホップには苦みや香りだけでなく、雑菌の繁殖を抑えてビールの保存性を高める役割もある。単純な材料と、酵素や酵母の自然の作用から生まれる奥深い世界を知れば、ビールの味わいも違って感じられるのではないだろうか。

著者が主要なビール生産国の有名なビールを紹介するビール紀行も楽しい。イギリスのペール・エール、アイルランドのスタウト、チェコのピルスナー、ドイツのヴァイスビール、ベルギーのトラピストビールなど、本書で紹介されるビールには、おなじみのものもあれば、まったく耳新しいものもあるだろう。色も味わいも香りも、驚くほど多彩だ。黒・赤・白・琥珀色・赤銅色・黄金色……。ビールの色は、透き通った金色だけではないのである。ビールは産地の水質によっても性質が変わり、麦芽やホップの量や質、醱酵の度合いによって、甘み、苦み、強さ、口当たりなどがまったく違ってくる。さわやか、まろやか、芳醇、繊細、力強いなど、著者は各地のビールの味わいを見事に表現している。本書を読みながら、すぐにでも飲んでみたくなった読者も多いに違いない。

ビールには香りの要素も大切だ。本書によれば、イギリスのバーレーワインと呼ばれるビールにはフルーティな香りがあり、小麦から造られるベルギーのヴィットビールにはスパイシーで柑橘系のフレーバーがある。バイエルン産のデュンケルは、タフィのような甘く香ばしい風味とチョコレートのようなフレーバー。真っ黒なビールのスタウトは、ローストした麦芽が醸しだすコーヒーのような香りを持っている。変わったところでは、ベルギーで造られるランビックにはサクランボや木イチゴなどのフルーツを加えたものがあるという。一口にビールといっても、これだけ多様性に富んだ世界が広がっていることにただ驚くばかりだ。

ビールの飲み方や、飲む場所、割り勘の仕方、乾杯の作法にもお国柄がある。大ぶりのグラスで豪快に飲む場合もあれば、まるでワイングラスを選ぶように、ビールの種類に合わせたグラスでゆっくりと味わって飲む場合もある。いずれにしても、大勢で飲むビールには人々の絆を深める働きがある。ひとつの壺にみんなでストローを差し込んでビールを飲んでいたシュメール人の時代から、それは少しも変わらないのだろう。生活スタイルや娯楽の変化によって、イギリスのパブやドイツのビアハウスは減りつつあると著者は指摘しているが、一方で、ビールに個性と地元との結びつきを取り戻そうとするクラフトビール運動に希望を見出してもいる。食事に合わせたビール選びや、ビールを使った料理のレシピなど、ビールにはまだ知られていない楽しみがいっぱいだ。著者が言うように、ビールはくつろぎと至福のひとときを与えてくれる。ビールの歴史や文化に思いを馳せれば、いつものビールもいっそう味わいを増すことだろう。そして、本書から新しいお気に入りを見つけて、ビールの楽しみを広げていただければと心から願っている。

2014年7月

大間知　知子

写真ならびに図版への謝辞

著者と出版社より，図版の提供と掲載を許可してくれた関係者にお礼を申し上げる。

Author's collection; pp.36, 53, 54, 78, 93, 95, 104, 107, 109; ©The Trustees of the British Museum: pp. 30下, 77, 80, 143; Carlsberg Group: p.57; Thongpool Chantarak 'Da': p.43; Photo by Luca Galuzzi—www.galuzzi.it: p.61; Hofbräuhaus, Munich: pp.70 (BBMC Tobias Razinger), 111; iStockphoto: pp.45 (helovi), 92 (pjohnsoni),99 (Shutter Worx), 102 (chang); Library of Congress, Washington, DC:pp.39, 74, 87, 89, 90, 94; Shutterstock: pp.6 (Sergey Peterman), 13 (Antonio Abrignani), 20 (Neftali), 28 (Oleg Golovnev), 30上 (Morphart Creation), 38 (chippix), 48 (sgm), 50 (Claudine Van Massenhove), 52 (Daniel Rajszczak), 69 (filmfoto), 100 (Andreas Juergensemeier), 103 (Martin D. Vonka), 113 (chippix), 92 (Claudio Divizia), 119 (Tyler Panian), 123 (Thierry Dagnelie), 126 (Alexey U), 147 (Chris Green), 152 (Tupungato), 155 (Action Sports Photography), 98 (TonyV3112), E. Michael Smith (Chiefio): p.15; Victoria & Albert Museum, London: p.120; Vistor7: p41.

参考文献

Barnard, Alfred, *The Noted Breweries of Great Britain and Ireland* (London, 1889-91)

Barnett, Paul, *Beer: Facts, Figures and Fun* (London, 2006)

Cole, Melissa, *Let Me Tell You about Beer* (London, 2011)

Eames, Alan D., *The Secret Life of Beer* (North Adams, MA, 2005)

Evans, Jeff, *The Book of Beer Knowledge* (St Albans, 2004)

Glover, Brian, *Beer: An Illustrated History* (London, 1997)

Gourvish, T. R., and R. G. Wilson, *The British Brewing Industry, 1830-1980* (Cambridge, 1994)

Hackwood, Frederick, *Inns, Ales and Drinking Customs of Old England* (Lomndon, 1909)

Halley, Ned, *Dictionary of Drink* (Ware, Hertfordshire, 2005)

Jackson,Michael, ed., *Beer* (London,2007)

——, ed., *The World Guide to Beer* (London, 1997)

Mosher, Randy, *Tasting Beer* (North Adams, MA, 2009)

Nelson, Larry, ed., *TheBrewery Manual 2012* (Reigate, Surrey, 2012)

Oliver, Garrett, ed., *The Oxford Companion to Beer* (Oxford, 2012)

Smith, gavin D., *British Brewing* (Thrupp, Gloucestershire, 2004)

Tierney-Jones, Adrian, ed., *1001 Beers You Must Try Before You Die* (London, 2010)

Van Damme, Jaak, and Hilde Deweer, *All Belgian Beers* (Oostkamp, 2011)

Webb, Tim, and Joris Pattyn, *100 Belgian Beers to Try BeforeYou Die* (St Albans, 2008)

Yenne, Bill, *Beers of the World* (London, 1994)

レシピ集

ビールを使った料理

腕のいい料理人は，ビールが料理の味を引き立てるたいせつなパートナーであることを昔から知っていた。ビールに含まれる炭酸ガスは，パンやケーキ，そして重いプディングに軽さをもたらし，生地をしっとりさせ，保存期間を長くする。生地に軽さを与えるにはペール・エールが理想的だ。アルコール度数が強く，風味のしっかりしたビールは，スープにコクを出したりソースに色を加えたりするのに向いている。スープストック代わりにビールを使ってもよく，その場合は甘めのスタウトあたりが適している。

ビールには食材を柔らかくするすぐれた働きがあり，マリネ液に使う場合は赤ワインほど主張せず，素材の風味を邪魔したり，圧倒したりしない。アルコールが抜けると大麦とホップの素朴で自然な風味だけが残り，マリネにすればほとんどどんな食材でも風味を増す効果がある。マリネに理想的なのはアンバー・エール［色の濃いペール・エール］やブラウン・エール［色の濃い甘みのあるエール］だ。

一方，ヴィットビールはゆでたり蒸したりするのに最適で，特にムール貝を使った料理に向いている。もちろん，フランクフルトソーセージをゆでるのにも適している。料理に照りをつけたり，肉を焼くときときどき表面にかけたりするためにビールを使えば，鶏肉や豚肉の風味がいっそう豊かになる。

デザート作りにもビールを忘れてはいけない。ベルギーのフルーツビール［フルーツの風味を感じさせるビール］でフルーツコンポートを作ってみよう。あるいはインペリアル・スタウトにアイスクリームを浮かべて「フロート」にするのもいい。

料理に使うビールは苦みが比較的少なく，甘みと麦芽風味を感じさせる種類が望ましい。ビールはつねに料理に軽さを出す目的で使われる。食べものが本来持っている風味を豊かにし，際立たせるためにビールを使うべきで，ビールの風味が勝ってはいけない。

ビール料理のレシピ

◉ビール風味のソーセージ

（４人分）

オリーブオイルまたはバター…小さじ２

ブラートブルスト［牛肉か豚肉のソーセー

ジ］…８本
タマネギの輪切り…大きめのもの１個分
ビール…180*ml*（色の濃いビールのほうが風味豊かに仕上がる）

1. 鍋に小さじ１のオリーブオイルかバターを熱し，ソーセージを濃いキツネ色になるまで炒め，皿に取っておく。
2. 鍋に残った脂に残りのオリーブオイルかバター小さじ１を加え，タマネギを入れて混ぜる。タマネギに油が回ったら，よくかき混ぜながらキツネ色になるまで炒める。
3. 鍋にソーセージを戻し，ビールを加える。中火にかけ，途中で上下を返し，ビールがシロップ状になるまで12～15分間煮詰める。

………………………………………………

◉ビールブレッド

ボディの軽いビール…350*ml*
セルフライジングフラワー［すでにベーキングパウダーが入っている小麦粉］…3カップ（420*g*）
塩…小さじ1
黄金色のグラニュー糖…⅓カップ（60*g*）
溶かしバター…大さじ2

1. ボウルにビール，小麦粉，塩，砂糖を入れて混ぜる。油を塗ったパウンド型に生地を流し込み，190℃に予熱したオーブンで50分焼く。
2. 焼き上がりの３～４分前に取り出し，表面に溶かしバターを塗ってオーブンに戻す。

………………………………………………

◉ベルギー風牛肉のビール煮込み

（６～８人分）
牛肩ロース…1.6*kg*（一口大に切る）
塩と黒コショウ
バター…大さじ４
タマネギ…３個（５ミリ厚さに切る）
小麦粉…大さじ３
スープストック（チキンまたはビーフ）…1½カップ（340*ml*）
ベルギー製の色の濃い修道院ビールまたはブラウン・エール…350*ml*
タイムの小枝…４本
ローリエ…2枚
全粒粉マスタード…大さじ1
ブラウンシュガー…大さじ1

1. 牛肉に塩，コショウを振る。鍋にバター大さじ２を溶かし，肉を炒める。かき混ぜずに裏表をおよそ３分ずつこんがり焼いて，ボウルに取りだす。
2. 1の鍋にバター大さじ２を加え，中火にしてタマネギと塩小さじ１を加える。タマネギがあめ色になるまで15分程度炒める。
3. 小麦粉を加え，タマネギにまんべんなく小麦粉が回るまで２分ほどかき混ぜる。スープストック，ビール，タイム，ローリエ，炒めた牛肉，塩とコショウを入れて混ぜる。中火から強火

にして煮立てる。
4. 弱火にし，蓋をずらして肉が柔らかくなるまでときどきかき混ぜながら2～3時間煮る。
5. できあがりの30分前にブラウンシュガーとマスタードを加える。ローリエとタイムを取りだし，塩，コショウで味を調える。

………………………………………………

◉チェダーチーズとビールのスープ

（6～8人分）
タマネギみじん切り… ½カップ（125g）
ニンニクみじん切り…大さじ1
ベーコン… 6枚，さいの目に切る
バター…大さじ1
小麦粉… ¼カップ（35g）
野菜のスープストック…6カップ（1.35リットル）
ペール・エール…100～180ml
生クリーム（乳脂肪分36～48パーセント）… ½カップ（120ml）
ウスターソース…大さじ2
ホースラディッシュソース…小さじ2
ディジョンマスタード…大さじ2
ローリエ… 2枚
塩，コショウ…適宜
チェダーチーズすりおろし…225g

1. 鍋を中火にかけ，さいの目に切ったベーコンを入れる。ベーコンにほぼ火が通るまで炒め，タマネギとニンニクを加えてさらに3分間炒める。
2. バターと小麦粉を加えてよく混ぜ，スープストックを加えて，少しとろみがつくまで加熱する。
3. 残りの材料を入れ，20分間ことことと煮る。ローリエを取り出し，皿に盛ってクルトンを浮かべる。

………………………………………………

◉ステーキとエールのパイ

（4～6人分）
【フィリング】
タマネギみじん切り… 1個
セロリみじん切り… 1本
小麦粉…大さじ2
バター…大さじ2
シチュー用牛肉…700g（ぶつ切り）
固形ビーフスープ… 2個
ウスターソース…大さじ1
タイム小枝… 1本
ダーク・エール… 1本（½パイント）
【パイ生地】
溶き卵… 1個
小麦粉…500g
スエット[牛の腎臓付近の油を固めたもの]…250g
水…大さじ6～8

1. オーブンを160℃に予熱する。キャセロール用の鍋にセロリとタマネギを入れ，柔らかくなるまでバターで炒める。
2. 小麦粉，牛肉，ウスターソースを加え混ぜ，固形スープを砕いてタイムと

ともに加える。エールを注ぎ，煮立たせてから鍋に蓋をしてオーブンで2時間半煮る。
3. 鍋の蓋を取ってさらに30分煮る。オーブンの温度を200℃に上げておく。
4. 小麦粉，スエット，塩小さじ1をフードプロセッサーに入れ，大さじおよそ6～8杯の水を少しずつ加えながら，ひとまとまりになるまで攪拌する。生地を取り出し，打ち粉をした台に乗せ，さらに手でまとめる。
5. 生地を薄くのばして2枚に切り，油を塗った20センチのパイ型に1枚を敷く。肉を少しずつ載せ，鍋に残ったソースを肉が隠れるまで注ぐ。
6. もう1枚のパイ生地をかぶせ，余分な部分を切り取って，縁を押さえてぴったり合わせる。中央に切れ目を入れ，つやを出すために溶き卵を刷毛で塗る。オーブンで40分焼く。

◉タラのスタウト照り焼き

（4人分）
タラの切り身（皮をとったもの）…4枚
ドライ・スタウト…2本
大きめのニンジン…4本（拍子木切り）
レモン汁…大さじ1
ハチミツ…⅓カップ（115*g*）
ホットソース［タバスコなどの辛いソース］
…小さじ½
オリーブオイル
塩，コショウ

1. フライパンにスタウトとハチミツを入れて煮立たせる。中火で20分間煮て，カップ半分（100*ml* をやや上回る程度）位の量になるまで煮詰める。
2. 1をボウルに注ぎ，レモン汁，ホットソース，塩小さじ半分を入れて混ぜ，冷ましておく。耐熱皿にタラを並べ，スタウトのたれの半分を上からかけて両面によくまぶす。
3. ニンジンを鍋で5分間ゆでてザルにあける。残りのスタウトのたれをこの鍋に入れ，強火でとろみがつくまで2分煮立たせてから，ニンジンを加えて1分煮立てる。
4. オーブン用トレーにタラの入った耐熱皿を載せ，タラにオリーブオイルを塗ってコショウを振る。タラに火が通るまで，ヒーターに近い位置で4分間あぶる。スタウトで照りをつけたニンジンを添えて盛りつける。

◉チョコレートビール・ケーキ

（4～6人分）
小麦ビール…1カップ（225*ml*）
小麦粉…2カップ（280*g*）
グラニュー糖…2カップ（400*g*）
卵…2個
サワークリーム…¾カップ（180*ml*）
ベーキングソーダ（重曹）…大さじ1
バニラエッセンス…大さじ1
無塩バター…½カップ（115*g*）
ココアパウダー…¾カップ（105*g*）

1. サワークリームとバニラエッセンス，卵をボウルに入れ，泡立て器でよく混ぜる。
2. ビール1カップをソースパンに入れ，中火にかける。バターをさいの目に切って加え，溶かしながら混ぜる。砂糖とココアパウダーを入れて溶かし，火から下ろす。冷めてから 1 を加えて混ぜる。
3. 小麦粉とベーキングソーダを加えてよく混ぜる。180℃に予熱したオーブンで 50 分焼く。

…………………………………………

◉スタウト風味のシェパーズパイ

（4～6 人分）
アイリッシュ・スタウト… 1カップ（225*ml*）
無塩バター…大さじ 2
牛ひき肉…700*g*
タマネギ（大）みじん切り… 1個
ニンジン（中）みじん切り… 2 本
マッシュルームみじん切り…115*g*
小麦粉…大さじ 5
ダブルクリーム*…60*ml*
トマトピューレ…大さじ 1
チキンスープストック… 1½カップ（340*ml*）
しょうゆ…大さじ 2
冷凍エンドウ豆… 1カップ（150*g*）
卓上塩
黒コショウ
*乳脂肪分 48 パーセントの濃厚な生クリーム

【トッピング用マッシュポテト】
ジャガイモ…1.2*kg*（皮をむいて小さく切る）
室温に戻したダブルクリーム… ⅓ カップ（80*ml*）
溶き卵… 1個
溶かした無塩バター…大さじ 2

1. オーブンを190℃に予熱する。水を入れた鍋にジャガイモを入れ，蓋をして火にかける。沸騰したら火を弱め，25 分ほどゆでる。ザルにあけ，ジャガイモを温かい鍋に戻して蓋をしておく。
2. 大きめのフライパン（オーブンに入れて使えるもの）にバターを溶かし，マッシュルーム，ニンジン，タマネギ，塩少々を加え，うっすらキツネ色になるまで 5 分ほど炒める。炒めた野菜を皿に取り，フライパンにひき肉を入れ，塩小さじ 1 と黒コショウ小さじ ½ を振る。肉の色が茶色に変わるまで，へらでよく混ぜながら炒める。肉から出た脂を捨て，炒めた野菜を戻す。
3. 2 の肉と野菜に小麦粉とトマトピューレを加えて混ぜ，中火でさらに 3 分炒める。スタウトとスープを少しずつ加え，弱火にしてとろみがつくまで煮詰める。豆としょうゆを加えてよく混ぜる。
4. ダブルクリームとバター大さじ 2 を室温に戻し，ゆでたジャガイモに加えて完全につぶす。塩と黒コショウで味を調え，このマッシュポテトをフライパンの具の上に重ねて溶き卵を塗る。

オーブンに入れ，195℃で35分間，ポテトに焼き色がつくまで焼く。

◉チョコレート・オートミール・スタウトで作るベルギーふうベーコンワッフル

（4～6人分）
チョコレート・オートミール・スタウト…1カップ（225*ml*）
エンバク粉…2カップ（140*g*）
卵…2個
ベーキングパウダー…小さじ3
塩…小さじ½
オレンジピール…小さじ1
油…¼カップ（55*ml*）
バニラエッセンス…小さじ1
カリカリに炒めて細かくしたベーコン…½カップ（100*g*）
バター
メープルシロップ

1. ワッフル型を温めて油を塗っておく。エンバク粉，ベーキングパウダー，塩とオレンジピールをボウルに入れて混ぜる。卵，スタウト，油，バニラエッセンスを加えてよく混ぜ，ベーコンを入れて混ぜる。
2. 生地をワッフル型に入れてキツネ色になるまで焼く。メープルシロップと溶かしバターをかけていただく。

◉ムール貝のベルギー・ゴールデン・エール蒸し

（4～6人分）
洗ったムール貝…1.4*kg*
リーキ（ポロネギ）薄切り…2本
パセリみじん切り…1カップ（25*g*）
ニンニクのみじん切り…5片
クレーム・フレーシュ…½カップ（120*ml*）
粒マスタード…大さじ2
ベルギー・ゴールデン・エール…1½カップ（340*ml*）
無塩バター…大さじ2
レモン汁…2個分

1. リーキ，パセリ，ニンニクをきざむ。クレーム・フレーシュとマスタードをボウルに入れて混ぜる。
2. 平鍋を強火にかけてバターを入れ，キツネ色になるまで加熱してリーキとニンニクを加える。4分ほど炒めてからムール貝を入れ，よく混ぜる。
3. 1で混ぜたクレーム・フレーシュとマスタードを加えてかき混ぜ，さらにゴールデン・エールを注いで鍋に蓋をする。3分間蒸してからパセリとレモン汁を加える。もう1度混ぜてから，貝が開くまでさらに2分蒸す。

◉グーズ風味のピクルス・ディップ

クリームチーズ…225*g*

サワークリーム…1カップ（240ml）
きゅうりのピクルスみじん切り…6本
グーズ…⅓カップ（75ml）
ピクルス液…大さじ2
ディルマスタード…大さじ2
乾燥ディル…小さじ2
塩…小さじ½

すべての材料をミキサーに入れ，クリーム状になるまで攪拌する。容器に蓋をして，少なくとも2時間冷蔵してからいただく。

◉インディア・ペール・エールのサクランボ・タルト

インディア・ペール・エール…½カップ
パイ生地…1枚
サクランボ…3カップ（600g）
コーンフラワー…大さじ2
グラニュー糖…⅔カップ（125g）
軽くかき混ぜた卵…1個

1. 底が外れる型に油を塗り，パイ生地を伸ばして敷く。鍋を強火にかけ，インディア・ペール・エールとグラニュー糖，サクランボ，コーンフラワーを入れ，ときどきかき混ぜながら水気が少なくなるまで10分間煮立てる。
2. パイ生地にフォークで全体的に穴をあけ，溶き卵を塗る。チェリーのフィリングを流し込んで，パイにこんがりとした焼き色がつくまで190℃のオーブンで20分焼く。

ビアカクテル

カクテルといえば連想するのはビールではなく蒸留酒だが，昔からビールに他の飲みものを混ぜて飲むことは多かった。たとえばシャンディ（ビールとレモネード）やスネークバイト（ビールとリンゴ酒）などが代表的だ。しかしこの数年，ビール改革の中心地オレゴン州ポートランドから始まって，斬新なビールベースのカクテルの流行が広まっている。

一過性に終わらない流行がみなそうであるように，この流行も国際化し，現在では東京やロサンゼルス，そしてロンドンにいたるまで，トレンドに敏感なバーではビールカクテルをメニューに載せている。ハイボールやウイスキーサワーの代わりに，評判のビールカクテルを試してみてはどうだろうか。まずは古典的定番から紹介しよう。

◉ビアマルガリータ

（6人分）
ライトボディで風味の軽いビール…350ml

冷凍濃縮ライムエード…350*ml*
テキーラ…350*ml*
水…350*ml*
ライム…1個
塩

ビールとテキーラ，冷凍濃縮ライムエード，水を水差しに入れる。氷を加え，くし形に切ったライムを飾る。グラスの縁に塩をまぶしてビアマルガリータを注ぐ。

……………………………………………

◉ブラック・アンド・タン

スタウト…½パイント
ペール・エール…½パイント

パイントグラスにペール・エールをていねいに注ぎ，その上からスプーンを伝うようにスタウトを加える。スタウトはペール・エールの上にとどまって，カクテルの名前のとおり黒と黄色の2層ができる。

……………………………………………

◉ブレックファスト・ビアカクテルNo.2

カナダのバンクーバーにあるドネリー・グループの飲料担当取締役トレバー・カリーズによるレシピ。

タンカレー・ジン…30*ml*
コアントロー…30*ml*
オルゲート（アーモンド・シロップ）…小さじ1½
オレンジビターズ…2ダッシュ*
クローネンブール・ブラン…50*ml*
*「ダッシュ」はカクテルを作る際の計量単位。1ダッシュは1振り（約1*ml*）。

ミキシンググラスにタンカレー・ジンとコアントローを注ぎ，オルゲート，オレンジビターズ，ビールを加える。氷を入れて混ぜ，ストレーナーで濾してマティーニグラスに注ぐ。

……………………………………………

◉ブラックベルベット

冷やしたスタウト
冷やした辛口のシャンパン

スタウトをフルート型［背が高くて細いもの］のシャンパングラスに半分の高さまで注ぐ。シャンパンをゆっくり注いでグラスを満たす。

……………………………………………

◉キューカンバー・ブロンド・ブラッディメアリー

カクテル作りの名人デービッド・ネポフによるレシピ

エフェン・キューカンバーウォッカ…50*ml*
チェリートマト…4個
セロリソルト…1ダッシュ
コショウ…1ダッシュ
ウスターソース…2ダッシュ

ホットソース… 1ダッシュ
ライム果汁…大さじ1
ブロンドエール…50*ml*
飾り用にセロリスティック

トマト，セロリソルト，コショウをシェーカーに入れて混ぜる。ビールを除くその他の材料もすべて加える。氷を入れてシェイクし，氷の入ったグラスに注ぐ。ビールを加えてセロリスティックを添える。

世界の有名ビール

アサヒ Asahi（日本）
アサヒビールの前身である大阪麦酒会社は1889年に設立され，3年後にアサヒビールを発売した。同社は1897年に日本のビアホール第1号店を開業し，ビアホールはドイツだけのものではないことをはっきりと証明した。アサヒビールが誇る「日本初」はほかにもあるが，中でも特筆すべきは日本初の瓶ビール（1900年）と日本初の缶ビール（1958年）の発売だ。社名のアサヒはライジング・サン，すなわち「日の出」を意味している。同社はアサヒ黒生（「黒い」ラガー），アサヒスタウト，アサヒスーパードライをはじめ，幅広い商品を展開している。アサヒスーパードライは特に食事に合うビールとして1987年に発売された。このビールは国内外で大ヒットし，イギリスが輸入する日本製ビールの首位の座を獲得している。

アムステル Amstel（オランダ）
オランダ・スタイルのピルスナーのブランド，アムステルは，1968年からハイネケン社が所有し，オランダ西部の都市ズーターワウデにあるハイネケン醸造所で造られている。本来のアムステル醸造所は1870年にアムステル川沿いに建てられ，川の氷を冷蔵に利用していた。アムステルの名はこの川にちなんでいる。1883年にはすでにイギリスへの輸出が始まり，現在では90か国を超える国々で販売されている。ヨーロッパでは人気第3位のブランド。「時間をかけた醸造」から生まれる独特な風味がアムステルのセールスポイントだ。

アンカー・スチーム・ビール Anchor Steam Beer（アメリカ）
アンカー・スチーム・ビールは，1896年創業のサンフランシスコのアンカー・ブルーイング・カンパニーで醸造されている。「スチーム」ビールは，かつてはアメリカの西部諸州で一般的に造られ，ラガーを飲み慣れている東部の人間の味覚にも合うと考えられた。「スチーム」という言葉は，このビールを熟成している樽内の圧力が高く，ビールを注ぐとまるで蒸気のように激しく泡立つことに由来するのだろう。アンカー・ブルーイング・カンパニーは深刻な経営不振にあえいでいた1965年にフリッツ・メイタグによって買収され，その6年後にさわやかな琥珀色のエールであるスチーム・ビールが初めて瓶詰めで出荷された。

イニス・アンド・ガン Innis & Gunn（スコットランド）

2003年に発売されたばかりだが，イニス・アンド・ガン・オリジナル・オーク・エージド・ビールとそれに続く姉妹品は，イギリスと輸出市場の両方で熱狂的に迎えられた。このビールは偶然のきっかけで生まれた。ウイスキー・メーカーのウィリアム・グラント・アンド・サンズが「エール樽仕上げ」のウイスキーを造るため，ウイスキー樽に香りづけするためのビールの開発をエディンバラのカレドニアン・ブルワリーで働いているドゥガル・シャープに依頼した。ウイスキー樽に入れたビールは樽に香りをつけたあと廃棄していたのだが，飲んでみると独特な風味があることがわかった。こうしてイニス・アンド・ガンは商品化されることになり，テネンツを生産するグラスゴーの醸造所と契約して醸造されている。このビールはバーボン・ウイスキー用の樽の中で30日間熟成されたあと，さらに47日間後熟（こうじゅく）槽で寝かされる［後熟とは，樽熟成の終わったビールをブレンドし，風味の向上と品質安定のためにふたたび貯蔵すること］。

エルディンガー Erdinger（ドイツ）

1886年にヨハン・キーンレという人物が，バイエルンの都市エルディングに小麦ビール専門の醸造所を設立した。所有者が何回か変わったあと，醸造所のゼネラル・マネジャーだったフランツ・ブロンバッハが1935年に買い取り，1949年にエルディンガー・ヴァイスブロイと名前を変えた。この醸造所は現在もブロンバッハ家によって経営され，ドイツ最大の家族経営の醸造会社になっている。また，小麦ビールの生産量も国内最多を誇る。ヴァイスブロイはバイエルンのビール純粋令にしたがって特別な酵母を使って造られ，今も伝統的な方法で3週間から4週間の瓶内醗酵が行なわれる。

カールスバーグ Carlsberg（デンマーク）

現在カールスバーグは世界のベスト5に名を連ねるビール会社だが，最初のカールスバーグ醸造所は1847年にヤコブ・クリスチャン・ヤコブセンによってコペンハーゲン郊外に建設され，息子のカールにちなんで命名された。当初からカールスバーグはラガーを生産していた。1868年から輸出を始め，最初はスコットランドに向けて商品が出荷された。7年後にカールスバーグは醸造会社として初めて研究所を設立し，カールスバーグ研究所と名づける。カールスバーグはデンマークでは大半がこの国の西部にあるフレデリカ・ブルワリーで醸造されているが，ほかの多くの国でも生産され，イギリスではノーサンプトンに専用のラガー工場がある。

ギネス Guinness（アイルランド）

1759年にアーサー・ギネスはダブリンのセント・ジェームス・ゲートにある中古の醸造所を年間45ポンドの賃貸料で9000年間借り入れる契約を結んだ。そして10年後，この醸造所から初めてビールがイギリスに輸出された。1833年にはセント・ジェームス・ゲート醸造所はアイルランド最大の醸造所に成長し，ギネスの名は世界に広まった。現在，ギネスはイギリスの酒造会社ディアジオが所有し，世界50か国以上で醸造され，合計150か国を超える国々で販売されている。毎日グラス1000万杯分のギネスが飲まれていると言われている。

キングフィッシャー Kingfisher（インド）

キングフィッシャーはインドでもっとも人気のあるビールで，マーケット・シェアは36パーセントに達している。ユナイテッド・ブルワリーズ・グループが製造しており，プレミアム，ストロング，ウルトラほかの商品がある。ウルトラはボディのしっかりしたビールで，ハイネケンやカールスバーグなどの輸入ブランドと競っている。若い男性向けにブルーという商品もある。キングフィッシャーは1857年にインド南部の都市マイソールのキャッスル・ブルワリーで初めて醸造され，1915年にこの醸造所が南インドの他の4つの醸造所と合併してユナイテッド・ブルワリーズを設立した。現在，このブランドはクリケットチームと自動車レースF1（フォーミュラ・ワン）に参戦するサハラ・フォース・インディアというチームの支援をしていることで知られている。

クアーズ Coors（アメリカ）

バドワイザーやミラーと並び，クアーズはアメリカでもっともよく知られたビールのブランドだ。カナダの大手醸造会社モルソンと2005年に合併してからは，モルソン・クアーズ・ブルーイング・カンパニーによって生産されている。クアーズはドイツから移住してきた醸造家のアドルフ・クールズ（のちに姓をクアーズに変更）と共同経営者によって，1873年にコロラド州ゴールデンに設立された。クアーズのゴールデン醸造所は年間生産能力では世界最大で，1987年に発売されたクアーズ・ライトはアメリカの3大ビールのひとつに成長した。

クローネンブール Kronenbourg（フランス）

クローネンブールの商品でもっとも人気があるのは，色の淡いラガーのクローネンブール1664だ。1664という数字は，ジェロニマス・アットが醸造士の資格を取り，現在はフランス領となっているストラスブール［ドイツとの国境に面し，

当時はドイツ領］のプラース・デュ・コルボーにキャノン・ブルワリーを設立した年を示している。クローネンブールは現在カールスバーグ・グループが所有し，主な醸造所はストラスブールの南に位置するオベルネにある。しかし「1664」はイギリスではハイネケン・インターナショナルによって，オーストラリアではフォスターズ・グループによってライセンス生産されている。クローネンブール1664は1952年に最初に醸造され，フランスのビール市場全体のおよそ3分の1を占める人気No1のプレミアムラガーになっている。

グロールシュ Grolsch（オランダ）

グロールシュは1897年からオランダで醸造され，その歴史は1615年にウィレム・ネールフェルトがグロールの町に造った醸造所から始まっている。グロールシュのプレミアムピルスナーはスウィングトップ［金具で締める栓。機械栓とも言う］のついた緑色の独特の瓶が有名だ。2008年にSABミラーに買収され，醸造はオランダ東部のエンスヘーデにあるユッセロという村で行なわれている。また，イギリスでもライセンス生産されている。グロールシュは10週間という比較的長い貯蔵期間を経て出荷される。グロールシュのおよそ50パーセントはオランダで販売されているが，同社のピルスナーは70か国以上で売られている。

コロナ Corona（メキシコ）

コロナ・エクストラは「南国のピルスナー」スタイルのラガーで，メキシコ最大のビール会社グルポ・モデロによって，国内数か所の醸造所で醸造されている。コロナ・エクストラが最初に作られたのは1926年で，所有者の創業10周年を祝うためだった。1990年代にはヨーロッパへの輸出が始まり，現在ではおよそ160か国で売られている。コロナは世界でもっともよく売れているメキシコビールであり，アメリカとカナダの両方で輸入ビールのトップに立っている。コロナは透明なガラス瓶に詰められて売られている。瓶にラベルが直接印刷されており，そこに描かれた王冠（クラウン）――コロナ（corona）――は，リゾート地として知られるメキシコ西岸のプエルト・バヤルタにあるグアダルーペ聖母教会の鐘楼を飾る王冠を模していると言われている。

シメイ Chimay（ベルギー）

シメイはベルギーのアルデンヌ地方にあるノートルダム・ド・スクールモン修道院で造られる正真正銘のトラピスト・ビールで，最初の醸造所は1862年に建てられた。公式に認定された7つのトラピスト・ビールのうち，もっとも多く売

られているのがこのシメイだ。基本的な3種類の商品は，王冠の色によってレッド，ホワイト，ブルーと呼ばれ，美しい赤褐色のエールであるブルーは，最初は1948年にクリスマスビールとして発売されたもので，一般にシメイを代表するビールと考えられている。1876年からスクールモン修道院のシトー会修道士はセミソフトタイプのチーズも作っている。このチーズとシメイのビールは最高の組み合わせだ。

ステラ・アルトワ Stella Artois（ベルギー）

アンハイザー・ブッシュ（AB）インベブが所有するステラ・アルトワはピルスナー・スタイルのビールで，母国ベルギーはもちろん，イギリス，オーストラリア，ブラジルをはじめとする多数の国で醸造されている。このビールの故郷はルーヴァンの町で，1366年にデン・ホーレン醸造所で造っていたという記録がある。アルトワの名は，醸造技師長のセバスチャン・アルトワに敬意を表して1717年につけられ，ステラ・アルトワとなったのは1926年のことだ。本来はクリスマス・シーズンのために造られた季節限定ビールで，1930年に輸出が始まった。自動化された新しい醸造所が1933年にルーヴァンに開設され，現在の年間総生産量は10億リットルを超えている。

タイガー Tiger（シンガポール）

タイガービールは1932年にハイネケンとシンガポールに本社を置くフレーザー&ニーヴの合弁事業として発売された。当初はマラヤン・ブルワリーズという社名だったが，現在ではアジア・パシフィック・ブルワリーズの名で経営されている。主力商品のタイガー・ペール・エールはアジア11か国で醸造され，最近ではインドもタイガーの醸造所を誘致している。全体ではタイガーは60を超える国際市場で販売され，アジア・パシフィック・ブルワリーズは12か国で30か所の醸造所を経営している。タイガーの醸造にはオランダで培養した酵母が使用され，大麦麦芽に米を加えて比較的ドライな仕上がりにしている。

青島（チンタオ）Tsingtao（中国）

1903年にイギリスとドイツの植民者が山東省の港町青島（チンタオ）に，中国初のビール醸造所であるアングロ・ジャーマン・ブルワリーを設立した。ドイツの醸造技術を取り入れて生産されたラガーはたちまち評判となり，青島は世界で60を超える国々で販売されている。実際，このブランドは中国の輸出ビール全体の50パーセント以上を占め，中国から輸出される消費者向けブランド商品

の主力となっている。青島は1972年からアメリカで販売され，中国ビールのベストセラーの地位を獲得している。1996年に4か所しかなかった青島の醸造所は，現在では48か所に拡大された。

テトレーズ Tetley's（イギリス）

バスやホイットブレッドのようなイギリス大手の大衆市場向けブランドの栄光が過去のものになったのに対し，19世紀から続くテトレーズは今もイギリス・ビールの面目を保つために貢献している。1822年にジョシュア・テトレーがヨークシャー州リーズに醸造所を設立し，幾度も合併，買収を経て，テトレーズは1998年にカールスバーグ・グループの傘下に入った。リーズの歴史あるテトレーズ・ブルワリーは2011年に閉鎖され，昔ながらのテトレーズ・ビターや人気のあるスムースフロウなどの商品の醸造は，ほかの醸造所に外部委託されている。2011年のテトレーズの売上は1億パイントを超えている。

テネンツ Tennent's（スコットランド）

マックワンやヤンガーと並んで，昔からスコットランドの3大ビールのひとつに数えられるのがテネンツだ。現在はアイルランドのC&Cグループに所有されている。ロバートとヒュー・テネント兄弟が1740年にグラスゴー大聖堂の近くにドライゲート醸造所を開いたが，実際にその場所で醸造が始まったのは1556年になってからだ。この醸造所はその後ウェルパークと改名され，1885年に初めてラガーが生産された。ラガー専用の醸造所が1889年から1891年の間に建設されている。テネンツのラガーはスコットランドのビール市場をリードし，ある意味で国民的飲みものになっている。長い間，テネンツの缶には女性モデルの写真が印刷され，「ラガー美人」と呼ばれて親しまれていた。

デュヴェル Duvel（ベルギー）

デュヴェルは黄金色の強いエールで，ベルギーでモルトガット家の4代目一族によって醸造されている。モルトガットは1871年にヤン・レオナルド・モルトガットとその妻が設立した会社で，デュヴェルは1923年に発売された。第1次世界大戦でのドイツに対する戦勝を祝うために造られたビールで，最初は「ビクトリー・エール（勝利のエール）」と名づけられていた。この新しいビールができたとき，最初に試飲した地元の靴屋がその強いアロマに驚いて，「こりゃ本当に悪魔だ！」と叫んだため，それ以来フラマン語［オランダ語の方言］で悪魔を意味するデュヴェル（duvel）という名前が定着したと伝えられている。本来は濃

い色のビールだったが，1970年に明るい金色に造りかえられた。デュヴェルは瓶内醱酵で完成する。

ニューカッスル・ブラウン・エール Newcastle Brown Ale（イギリス）

ニューカッスル・ブラウン・エールは，イギリス北東部ではほとんど伝説的なビールで，1927年にニューカッスル・ブルワリーズが自社のタイン醸造所で生産し，発売した。1960年にニューカッスル・ブルワリーズはスコティッシュ・アンド・ニューカッスル・ブルワリーズとなり，現在はハイネケンUKの傘下にある。ニューカッスル・ブラウン・エールは現在ではヨークシャー州タドキャスターのジョン・スミス醸造所で造られ，誕生した都市とのつながりはすっかり失われてしまった。しかし，イギリス北東部で「ブルーン」と呼びならわされるこのビールは，40か国以上に輸出され，アメリカではもっとも人気のある輸入ビールである。

ハイネケン Heineken（オランダ）

世界でもっともよく知られた銘柄のひとつであるハイネケンのラガーは，ジェラルド・アドリアン・ハイネケンによって造られた。彼は16世紀に建設された歴史あるアムステルダムのデ・ホーイベルヒ醸造所を1864年に買収し，1873年にハイネケン醸造所と名前を変えた。1年後にロッテルダムに第2の醸造所を設立し，1886年にはアムステルダムの醸造所を近代的な設備に作り変えた。現在はオランダ国内での生産の大半がライデン近郊のズーターワウデで行なわれているが，ハイネケン・インターナショナルは世界第3位の生産量を持つ醸造会社であり，ハイネケンのラガーは70か国に建設された125軒を超える醸造所で生産されている。

バドワイザー Budweiser（アメリカ）

アメリカではビールといえばバドワイザーというほど売れているので，「バド」という言葉はほとんどビールの同義語として受け入れられている。現在はABインベブが所有するバドワイザーは，もともとは1876年にアンハイザー・ブッシュ・カンパニーが発売した。これはドイツからミズーリ州セントルイスに移住したアドルファス・ブッシュと義理の父のエバーハード・アンハイザーが設立した会社だ。ブッシュはヨーロッパ各地を旅行して発達した醸造技術を学び，ボディの軽い「ボヘミア・スタイル」のラガーを生産するアイデアを持って帰国した。当時はアメリカのビール愛好家の大半が色の濃いエールを飲んでいた。こうして誕生

したバドワイザーは，現在ではアメリカのビール消費量のほぼ半分を占めている。

バルティカ Baltika（ロシア）

バルティカ・ブルワリーは2006年にバルティカとロシアにある他の3つの醸造所が合併して設立され，その2年後にカールスバーグ・グループがこの会社の株式の過半数を買収した。バルティカはロシア最大の醸造会社で，もともとはソビエト連邦時代の1978年に創立され，1990年にサンクト・ペテルブルクに大規模なバルティカ醸造所が開設された。バルティカのブランド名が使われはじめたのは1992年からで，商品のラインアップにはバルティカNo.2ペール，バルティカNo.3クラシック，バルティカNo.4クラシックのほか，ポーター，エキスポート［輸出を意図して高濃度で造られたビール］，小麦ビールなどがある。バルティカはロシアのビール市場の37パーセント以上を占め，12か所の醸造所を経営している。

ヒューガルデン Hoegaarden（ベルギー）

ベルギーの町ヒューガルデンで暮らしていた修道士が1445年にヴィットビール，またはホワイトビールと呼ばれるビールの製法を開発したと伝えられ，19世紀にはこの町に13軒の醸造所があった。ところがヴィットビールはしだいにすたれ，1957年にヒューガルデンの最後の一軒となったトムシン醸造所も廃業してしまう。しかしピエール・セリスの努力のおかげで，ヴィットビールは10年後に小さな農家の醸造所でよみがえった。この「新しい」ビールはたちまち評判を呼び，事業は拡大されて，1987年にインターブリュー（現在はアンハイザー・ブッシュ・インベブとなっている）に買収された。現在，ヒューガルデンは「オリジナル・ベルギー・ホワイトビール」として販売されている。

ピルスナー・ウルクェル Pilsner Urquell（チェコ共和国）

現在はチェコ領となっているピルゼンの町で1842年に誕生したピルスナー・ウルクェルは，世界で初めての淡色のラガーで，ウルクェルは「源泉」を意味している。このビールはピルゼンの市民が自分たちの町で造られるビールの品質に飽き足らず，新しい醸造所を建設してバイエルンの醸造技師ヨーゼフ・グロルを招いたところから始まる。新しいスタイルのこのビールは国内外でたちまち大人気となり，1873年にはすでにアメリカに輸出されていた。ウルクェルのブランドはSABミラー・グループが所有している。

フォスターズ Foster's（オーストラリア）

フォスターズのラガーは世界市場で大成功を収め，150か国以上で売られているが，母国オーストラリアでは意外に知られていない。フォスターという名のアメリカ人兄弟がメルボルンで最新技術を使ってラガーの醸造を始め，2年後の1888年に「フォスターズ」が発売された。フォスターズはイギリスで大当たりした。1972年にイギリスで販売を開始するとたちまち大流行し，この淡い色のラガーはイギリスで売上2位にランクしている。フォスターズ・グループが所有しているフォスターズのラガーは，ヨーロッパではハイネケン・インターナショナル，アメリカではSABミラーが生産している。

ブドヴァイゼル・ブドヴァル Budweiser Budvar（チェコ共和国）

ABインベブのバドワイザーは不動の人気を誇っているが，世界にはもうひとつ，知名度でははるかに劣る「Budweiser」がある。チェコの都市チェスケ・ブジョヨヴィツェ（ドイツ語ではブドヴァイス）で醸造されるこのビールは，ビール純粋主義者に愛されている。この都市では1265年からビール醸造が行なわれ，1895年に地元の実業家によってブジョヨヴィキ・ピヴォヴァル・カンパニーが設立されると，すぐにアメリカへの輸出が始まった。当然のことながら，「Budweiser」の名称の使用をめぐる長い論争が始まったが，EEC（ヨーロッパ経済共同体）がブドヴァイゼル・ブドヴァルに「地理的表示保護」[生産・加工・製造の少なくとも1工程が特定の地域で行なわれなければ，その地域の名称を名乗れない制度] を認めたため，論争は部分的に解決された。現在ABインベブはブドヴァイゼル・ブドヴァルをアメリカをはじめ多数の国で販売している。

ブレインズSA Brains SA（ウェールズ）

ウェールズの首都カーディフにあるSAブレイン&カンパニーは，1882年にサミュエル・アーサー・ブレインとおじのベンジャミンによって設立され，「ウェールズの国民的ビール会社」とみなされている。ブレイン家が買い取った醸造所は実際には1713年から続く歴史がある。しかし2000年からは，ブレインズの醸造はカーディフ・セントラル駅近くの旧ハンコックス醸造所で行なわれている。ブレインズは樽，ケグ，瓶入りの種々のビールを生産し，人気商品のブレインズSAベスト・ビターは1950年代に発売された。ブレインズSAはペールモルト［色の薄い麦芽］とクリスタルモルト［甘い風味をつけるために使われる麦芽］をブレンドして使用し，チャレンジャー，ゴールディングス，ファグル種のホップがもたらす苦みでバランスを取っている。

ベックス Beck's（ドイツ）

ABインベブの看板商品のひとつであるベックスは，ドイツのブレーメンで醸造され、世界でもっとも人気の高いドイツ・ビールとして，およそ90か国で販売され、もとはドイツ企業が所有するブランドだったが，2002年にベルギーのインターブリュー社に18億ユーロで買収された。ベックスを生産するベック醸造所は，1873年にルーダー・ルーテンバーグ，ハインリッヒ・ベック，そしてトーマス・メイによって，カイゼルブラオエライ・ベック＆メイo.H.Gの社名で設立され，最初から国外市場への進出が試みられた。ピルスナー・スタイルのベックスはキレがよく，甘く芳醇な香りと泡立ちのよさがホップの苦みと調和している。

ベルナルド Bernard（チェコ共和国）

ベルナルドの醸造が現在のような形で行なわれるようになってからわずか20年あまりしかたっていないが，チェコ南部の町フンポレツにある実際の醸造所は16世紀に建造された。1991年10月に破産した醸造事業が競売にかけられ，スタニスラフ・ベルナルド，ヨーゼフ・バブラ，ルドルフ・スメイカルによって競り落とされた。以後はベルナルド・セレブレーション，ベルナルド・アンバー，ベルナルド・ダークと名づけられたラガー・ビールを主力商品として，評判のいい伝統的なビールを生産している。ベルナルドはブルノ近郊のライフラッドで，自社の畑で栽培した大麦をフロア・モルティング［水に浸した大麦を床に広げて発芽させる工程］という手法で製麦し，低温殺菌せずに「マイクロフィルター」を通したビールを製造している。2001年からベルギーの醸造会社デューベル・モールトガットがベルナルドの経営にパートナーとして参加している。

ペローニ Peroni（イタリア）

イタリアで醸造されるペローニは，イタリア国内でもっともよく知られたビールで，しばしばイタリアふうスタイルの典型と讃えられている。このブランドは1846年に北イタリアの都市ヴィジェーヴァノでジョバンニ・ペローニが創立し，1864年に醸造場所をローマに移した。以後，ペローニの知名度と人気はしだいに高まった。2005年にSABミラーが買収して多額の資金を投資し，50か国を超える国々でペローニ・ナストロ・アズーロの販路を拡大している。標準的なペローニより風味の強いナストロ・アズーロは，1963年に売り出された。ナストロ・アズーロはイタリア語で「青いリボン」という意味だ。

マーストンズ・ペディグリー Marston's Pedigree（イギリス）

マーストンズは1834年にジョン・マーストンがバートン・アポン・トレントに創立した醸造所で，現在の場所に醸造所が移転した当時はアルビオン・ブルワリーと呼ばれ，その後ジョン・トンプソン・アンド・サンズと1898年に合併した。この会社は1999年にウォルヴァーハンプトン・アンド・ダドリー・ブルワリーズに買収され，拡大した事業の名称は8年後にマーストンズに改称された。マーストンズは醗酵にオーク樽を使用するバートン・ユニオン・システムと呼ばれる独特な醸造方法を使っていることで有名だ。マーストンのペディグリーは1952年にペール・エールとして発売され，現在はイギリスでもっともよく売れるビールとなっている。

ラバット Labatt（カナダ）

1847年に，アイルランド移民のジョン・キンダー・ラバットがオンタリオ州のロンドンに中規模の醸造所を購入してラバットを設立した。このささやかなビジネスから出発して，ラバット・ブルーイング・カンパニーは今ではカナダのビール市場のおよそ40パーセントを占めるまでに成長している。現在はABインベブの傘下にあるラバットは，6か所の醸造所を経営している。主力商品のラバット・ブルーは1951年にラバット・ピルスナーとして発売されたが，青いラベルにちなんだ呼び方のほうが広まっていたので，1968年に「ブルー」と改名された。自社商品だけでなく，ラバットはカナダ市場向けにバドワイザーやギネスも醸造している。

レフ Leffe（ベルギー）

レフは修道院ビールで，現在はABインベブが所有しているが，その歴史は13世紀にベルギーのレフ修道院で始まった。1809年から醸造は中断されていたが，1952年にニス修道院長がプロの醸造家アルベール・ロートヴェートの手を借りて，エールのレフ・ブリュンヌの醸造を再開した。さまざまな「レフ」のビールの中で一番の売れ筋はブロンドとブリュンヌ。現在はルーヴァンにあるステラ・アルトワの醸造所で造られている。およそ60か国で売られているレフ・ビールの売上から得られる特許権使用料はレフ修道院に収められる。

ギャビン・D・スミス（Gavin D. Smith）
スコットランド在住のフリージャーナリスト，作家。ビールやウイスキーに関する著作の第一人者であり，この分野の専門家として権威を認められている。『世界のビール *Beer of the World*』や『ウイスキーマガジン *Whisky Magazine*』などの雑誌に定期的に寄稿するほか，ウイスキー関連のコンサルタント業や講演会，テイスティング講習も行なっている。スコッチウイスキーの発展にすぐれた功績があったと認められる者だけが会員になれる「キーパー・オブ・ザ・クエイヒ」という栄誉ある組織のメンバーでもある。『ウイスキーの歴史 *Whisky: A Brief History*』（2007 年），『スコットランドの蒸留酒メーカー探訪 *Discovering Scotland's Distilleries*』（2010 年）など，ウイスキーをテーマにした本を中心に 20 冊以上の著書がある。オンラインマガジン「ウイスキーページ whisky-pages.com」の編集者として，新作ウイスキーの紹介や知識の普及に努めている。

大間知　知子（おおまち・ともこ）
お茶の水女子大学英文学科卒業。訳書に『新訳文明の中の建築―ウィリアム・モリス芸術講演集』（バベル・プレス，共訳），『シャネル No.5 の秘密』（原書房），『現代の日本政治―カラオケ民主主義から歌舞伎民主主義へ』（原書房，共訳），『世界の哲学 50 の名著―エッセンスを究める』（ディスカヴァー・トゥエンティワン）などがある。翻訳協力多数。

「食《しょく》」の図書館《としょかん》

ビールの歴史《れきし》

●

2014年8月26日　第1刷

著者……………ギャビン・D・スミス
訳者……………大間知《おおまち》 知子《ともこ》
装幀……………佐々木正見
発行者……………成瀬雅人
発行所……………株式会社原書房

〒160-0022 東京都新宿区新宿 1-25-13
電話・代表 03(3354)0685
振替・00150-6-151594
http://www.harashobo.co.jp

本文組版……………有限会社一企画
印刷……………シナノ印刷株式会社
製本……………東京美術紙工協業組合

ISBN 978-4-562-05090-1, Printed in Japan

パンの歴史 《「食」の図書館》
ウィリアム・ルーベル／堤理華訳

変幻自在のパンの中には、よりよい食と暮らしを追い求めてきた人類の歴史がつまっている。多くのカラー図版とともに読み解く人とパンの６千年の物語。世界中のパンで作るレシピ付。 ２０００円

カレーの歴史 《「食」の図書館》
コリーン・テイラー・セン／竹田円訳

「グローバル」という形容詞がふさわしいカレー。インド、イギリス、ヨーロッパ、南北アメリカ、アフリカ、アジア、日本など、世界中のカレーの歴史について豊富なカラー図版とともに楽しく読み解く。 ２０００円

キノコの歴史 《「食」の図書館》
シンシア・D・バーテルセン／関根光宏訳

「神の食べもの」か「悪魔の食べもの」か？ キノコ自体の平易な解説はもちろん、採集・食べ方・保存、毒殺と中毒、宗教と幻覚、現代のキノコ産業についてまで述べた、キノコと人間の文化の歴史。 ２０００円

お茶の歴史 《「食」の図書館》
ヘレン・サベリ／竹田円訳

中国、イギリス、インドの緑茶や紅茶のみならず、中央アジア、ロシア、トルコ、アフリカまで言及した、まさに「お茶の世界史」。日本茶、プラントハンター、ティーバッグ誕生秘話など、楽しい話題満載。 ２０００円

スパイスの歴史 《「食」の図書館》
フレッド・ツァラ／竹田円訳

シナモン、コショウ、トウガラシなど５つの最重要スパイスに注目し、古代～大航海時代～現代まで、食はもちろん経済、戦争、科学など、世界を動かす原動力としてのスパイスのドラマチックな歴史を描く。 ２０００円

（価格は税別）